Energie aus Biomasse – ein ethisches Diskussionsmodell

Michael Zichy
Christian Dürnberger
Beate Formowitz
Anne Uhl

Energie aus Biomasse – ein ethisches Diskussionsmodell

Maendy Fritz, Edgar Remmele, Stephan Schleissing,
Bernhard Widmann

2., aktualisierte Auflage

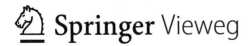 Springer Vieweg

Michael Zichy
Universität Salzburg
Salzburg
Österreich

Christian Dürnberger
TTN an der LMU
München
Deutschland

Beate Formowitz
Technologie- und Förderzentrum (TFZ)
Straubing
Deutschland

Anne Uhl
ehemals Technologie- und Förderzentrum
(TFZ)
Straubing
Deutschland

ISBN 978-3-658-05219-5
DOI 10.1007/978-3-658-05220-1

ISBN 978-3-658-05220-1 (eBook)

Die Deutsche Nationalbibliothek verzeichnet diese Publikation in der Deutschen Nationalbibliografie; detaillierte bibliografische Daten sind im Internet über http://dnb.d-nb.de abrufbar.

Springer Vieweg
© Springer Fachmedien Wiesbaden 2011, 2014

Lektorat: Dr. Daniel Fröhlich, Annette Prenzer

Gedruckt auf säurefreiem und chlorfrei gebleichtem Papier

Springer Vieweg ist eine Marke von Springer DE. Springer DE ist Teil der Fachverlagsgruppe Springer Science+Business Media
www.springer-vieweg.de

Vorwort zur ersten Auflage

Eine nachhaltige und sichere Energieversorgung sowie der Klimaschutz sind zwei der großen aktuellen gesellschaftlichen Herausforderungen. Diese gilt es in der Verantwortung für kommende Generationen ernst zu nehmen und zu gestalten. Erneuerbare Energieträger als Alternativen zu fossilen und atomaren Energieformen müssen daher verstärkt genutzt und weiterentwickelt werden. In diesem Zusammenhang kommt der Bioenergie eine zentrale Bedeutung zu.

Allerdings, so zeigt gerade die jüngere Vergangenheit, ist Bioenergie Thema gesellschaftlicher Auseinandersetzungen: Ernährungssicherung, Ökologie, Pachtpreise, Landschaftsbild – um nur einige Stichworte zu nennen. Mit zunehmendem Marktanteil, oder besser mit zunehmender öffentlicher Wahrnehmung der erneuerbaren Energien, wird in der Gesellschaft intensiv und kontrovers diskutiert – und das oft sehr emotional.

Eine fundierte wissenschaftliche Auseinandersetzung mit den ethischen Aspekten der Bioenergie hat lange gefehlt. Deshalb fördert mein Ressort das Projekt „Ethische Bewertung der Bioenergie", in dessen Rahmen dieses Buch entstanden ist. Den beiden renommierten Forschungseinrichtungen, dem Institut Technik-Theologie-Naturwissenschaften (TTN) in München und dem zu meinem Haus gehörenden Technologie- und Förderzentrum im Kompetenzzentrum für Nachwachsende Rohstoffe (TFZ) in Straubing ist es dabei gelungen, diese Diskussion zu strukturieren.

Mit der Betrachtung der umweltethischen, sozialethischen und kulturellen Dimension und der Erarbeitung von Beurteilungskriterien wurde ein wertvoller Beitrag zur Versachlichung der Diskussion geleistet. Anhand von Fallbeispielen wird das Vorgehen einer fundierten Abwägung von verschiedenen Blickwinkeln der beteiligten Interessensgruppen zur künftigen Konfliktvermeidung aufgezeigt. Vor- und Nachteile, Chancen und Risiken verschiedener Verwertungsmöglichkeiten können nun mit belastbaren Argumenten gegenübergestellt werden.

Das vorliegende Buch macht deutlich, dass es bei den Entscheidungen zur künftigen Energieversorgung kein Patentrezept gibt, sondern dass für jeden Fall eine sorgfältige Abwägung erforderlich ist. Die von den Wissenschaftlern am TTN und am TFZ erarbeitete Publikation kann hierfür einen Leitfaden bieten.

Helmut Brunner
Bayerischer Staatsminister
für Ernährung, Landwirtschaft und Forsten

Vorwort der Autoren zur zweiten Auflage

Seit der ersten Auflage dieses Buches im Jahr 2011 hat die Debatte über Energie aus Biomasse neue Facetten gewonnen: Der Unfall in einem japanischen Kernkraftwerk Nähe Fukushima hat die Diskussion über die Energieversorgung in Deutschland – fast möchte man sagen: „nachhaltig" – verändert. Seither ist die so genannte „Energiewende" der politischen Agenda tief eingeschrieben. Die diesbezüglichen Diskussionen pendeln zwischen gesellschaftspolitischer Vision und kleinteiligen, teilweise umstrittenen Umsetzungsmaßnahmen.

In diesem Kontext wird die Debatte über eine Energiegewinnung aus Biomasse weiterhin kontrovers geführt. Die Intensität der Auseinandersetzung fordert dabei eine strukturierte naturwissenschaftliche wie ethische Diskussion.

Die vorliegende zweite, überarbeitete Auflage dieses Buches geht auf eine Studie zurück, die im Rahmen des Forschungsprojektes „Technologische Innovation und gesellschaftliche Verantwortung – Herausforderungen der bayerischen Landwirtschaft bei der Bereitstellung von Bioenergie angesichts des Klimawandels" erstellt wurde.

Die Projektpartner, das Institut Technik-Theologie-Naturwissenschaften (TTN) an der Ludwig-Maximilians-Universität München und das Technologie- und Förderzentrum im Kompetenzzentrum für Nachwachsende Rohstoffe (TFZ), Straubing, danken dem Bayerischen Staatsministerium für Ernährung, Landwirtschaft und Forsten für die Förderung der Forschungsarbeit sowie der Publikation.

Dank gilt darüber hinaus Herwig Grimm für maßgebliche Mitarbeit im Projekt und Marc Dusseldorp, Martin Knapp, Rolf Meyer und Jochen Ostheimer für ihre hilfreichen Anmerkungen zur Weiterentwicklung des Diskussionsmodells.

Für Anregungen, Meinungsaustausch und Korrekturen danken die Autoren ebenso Klaus Thuneke, Birgit Dessauer, Jonas Lüscher, Stefanie Herresthal, Judith Straub, Sebastian Pfeilmeier, Michaela Scherle, Claudia Kügler, Manuela Berndorfer und Petra Siedersbeck.

Als federführende Autoren für die ethischen und kulturellen Ausführungen sind Christian Dürnberger und Michael Zichy vom Institut TTN zu nennen. Die federführende Autorenschaft bei technologischen und agrarökologischen Fragen lag bei Beate Formowitz und Anne Uhl vom Technologie- und Förderzentrum.

Inhaltsverzeichnis

1 Einleitung 1
   1.1 Energie aus Biomasse – eine gesellschaftliche Streitfrage 1
   1.2 Ein Weg zum Dialog 4
   1.3 Ziel und Aufbau des Buches 6

2 Orientierung über den Sachstand 7
   2.1 Energie aus Biomasse 7
   2.2 Gesetzliche Rahmenbedingungen für Bioenergie 13
   2.3 Ethik 17

3 Das ethische Diskussionsmodell 35
   3.1 Schritt 1: Umweltethische Diskussion 36
   3.2 Schritt 2: Sozialethische Diskussion 36
   3.3 Schritt 3: Kulturelle Diskussion 39

4 Energie aus Biomasse – eine ethische Analyse 41
   4.1 Umweltethische Dimension 41
   4.2 Sozialethische Dimension 52
   4.3 Diskussion der kulturellen Dimensionen 66
   4.4 Zusammenfassung 78

5 Fallbeispiele 85
   5.1 Drei beispielhafte Nutzungspfade von Energiepflanzen 85
   5.2 Umweltethische Diskussion 88
   5.3 Sozialethische Diskussion 93
   5.4 Kulturelle Diskussion 100
   5.5 Zusammenfassung der Diskussion der Fallbeispiele 101

Literatur 105

Abbildungsverzeichnis

Abb. 2.1 Verteilung der erneuerbaren Energien 2012. (Bundesministerium für
Umwelt, Naturschutz und Reaktorsicherheit 2013a) 8

Abb. 2.2 Struktur des Primärenergieverbrauchs in Bayern durch erneuerbare und
nicht erneuerbare Energien und jeweiliger Anteil der Energiequellen
aus Biomasse 2011. (Bayerisches Landesamt für Statistik und
Datenverarbeitung 2013) 8

Abb. 2.3 Beispiele für Bioenergieträger verschiedener Aggregatzustände 13

Abb. 2.4 Schematischer Aufbau typischer Bereitstellungsketten zur End- bzw.
Nutzenergiebereitstellung aus Biomasse. (Kaltschmitt et al. 2009) 13

Abb. 2.5 Schematische Darstellung der Grundtypen umweltethischer Positionen.
(entnommen aus: Gorke 2000) 33

Tabellenverzeichnis

Tab. 2.1 Waldholznutzung in Deutschland und Bayern 2011. (Statistisches
Bundesamt 2013) 9

Tab. 2.2 Ackerflächennutzung: Anbau Nachwachsender Rohstoffe in
Deutschland in Hektar der Jahre 2012 und 2013. 11

Tab. 3.1 Schema der „*Ethical Matrix*" nach Mepham et al. (2006) 37

Tab. 4.1 Überblick über wichtige Umweltbereiche, Einflussfaktoren und
deren Einflussmöglichkeiten bezüglich des Biomasse-Anbaus (ohne
Anspruch auf Vollständigkeit) 49

Tab. 4.2 Überblick über wichtige Umweltbereiche, Einflussfaktoren und
Einflussmöglichkeiten bezüglich der Biomasse-Verwertung bzw.
Konversion z. B. Ölmühle, Biogasanlage etc. (ohne Anspruch auf
Vollständigkeit) 50

Tab 4.3 Sozialethische Matrix: Energie aus Biomasse mit den jeweiligen
Interessen der Betroffenen in Bezug auf die ethischen Prinzipien
Wohlergehen, Autonomie und Gerechtigkeit 67

Tab. 4.4 Mögliche Auswirkungen von Bioenergie auf die Interessen der
Betroffenen hinsichtlich der ethischen Prinzipien Wohlergehen,
Autonomie und Gerechtigkeit: tendenziell positive (*grau*),
tendenziell negative bzw. mit Konfliktpotential behaftet (*schwarz
mit weißer Schrift*), keine Auswirkung bzw. aufgrund der großen
Gestaltungsspielräume schwer zu beurteilen (*weiß*) 81

Tab 4.5 Unmittelbarer Verantwortungsbereich des Landwirtes (*grau*)
bezüglich der Interessen der durch Bioenergie Betroffenen hinsichtlich
der ethischen Prinzipien Wohlergehen, Autonomie und Gerechtigkeit 82

Tab. 5.1 Sozialethische Matrix zum Thema Bioenergie. Grau eingefärbt sind
          die Interessen Betroffener, bei denen sich zwischen verschiedenen
          Bioenergietechnologien Unterschiede ergeben könnten hinsichtlich
          der ethischen Prinzipien Wohlergehen, Autonomie und Gerechtigkeit   102

1

1.1 Energie aus Biomasse – eine gesellschaftliche Streitfrage

Energie aus Biomasse wird gegenwärtig sowohl auf politischer, wissenschaftlicher wie auch gesamtgesellschaftlicher Ebene höchst kontrovers diskutiert. Sind Bioenergietechnologien die ersehnte Antwort auf die drängenden Fragen der Energieproblematik unserer Zeit oder werfen sie mehr Probleme auf, als sie lösen? Bedeuten sie einen Ausweg aus der drohenden Energiekrise oder sind sie nur Produkt guter Lobby-Arbeit? Welchen Beitrag können und sollen sie im Rahmen der sogenannten „Energiewende" leisten?

Zu Beginn der Debatte war die Gesellschaft der Gewinnung von Energie aus Biomasse gegenüber mehrheitlich positiv gestimmt. Sie erschien als komfortable Lösung vieler der mit Energiegewinnung und -nutzung verbundenen Probleme. Als Vorteile wurden genannt: Im Gegensatz zur fossilen Energie ist sie, da nachwachsend, potentiell unendlich verfügbar und, da sie nur so viel CO_2 freigibt wie vorher aufgenommen wurde, umwelt- und klimafreundlich. Somit schont sie die Ressourcen für nachfolgende Generationen. Ökonomisch gesehen ist sie von Vorteil, da sie nicht nur der ohnehin krisengebeutelten Landwirtschaft eine neue Einkommensquelle verschafft, sondern auch Entwicklungsländern Chancen der wirtschaftlichen Entwicklung bietet. Aus politischer Perspektive spricht für sie, dass sie zu einer Diversifizierung der Energiequellen und damit zu einer größeren Unabhängigkeit zu führen imstande ist – dies könnte auch eine erwünschte Schwächung der meist autokratisch geführten öl- und gasfördernden Länder bedeuten. Energie aus Biomasse, so ein entsprechendes Argument der Befürworter, ist folglich demokratie- und freiheitsfördernd.

Mit zunehmender Nutzung von Energie aus Biomasse traten aber vermehrt Zweifel und zum Teil auch harsche Kritik an dieser Energieform auf. So wurde sie für die rapide Abholzung des Regenwaldes für z. B. Zuckerrohr (für Ethanol) und Soja (für Öl für Biodiesel) in Südamerika oder Ölpalmen in Indonesien sowie für eine Verstärkung sozialer Ungleichheiten in Entwicklungsländern verantwortlich gemacht. Im medialen Diskurs war plötzlich vom sogenannten „Teller-Tank-Konflikt" die Rede: Der Anbau von Energiepflanzen

M. Zichy et al., *Energie aus Biomasse - ein ethisches Diskussionsmodell*,
DOI 10.1007/978-3-658-05220-1_1, © Springer Fachmedien Wiesbaden 2014

benötige Ackerflächen und stünde somit in direkter Konkurrenz zur Nahrungsmittelproduktion. Des Weiteren sei die wachsende Produktion von Bioenergie Mitverursacher für die (besonders die Armen treffenden) steigenden Lebensmittelpreise. Auch wurde die positive Energie- und CO_2-Effizienz der Bioenergietechnologien in Zweifel gezogen. Zudem verändere sie, so die weitere Kritik, auf unerwünschte Weise die Landwirtschaft, da sie zu Monokulturen sowie dem Einsatz gentechnisch veränderter Pflanzen führe.

Die Debatte zwischen Befürwortern und Kritikern entbrannte nicht zuletzt durch die 2012 erschienene Stellungnahme „Bioenergy – Chances and Limits" der Nationalen Akademie der Wissenschaften Leopoldina aufs Neue (eine ergänzte Version er-schien 2013). Die Leopoldina kam in ihrem Papier zu dem Schluss, dass Bioenergie als nachhaltige Energiequelle weder gegenwärtig noch zukünftig einen quantitativ bedeutsamen Beitrag zur anvisierten „Energiewende" in Deutschland leisten könne. Kritikpunkte waren nicht zuletzt die unterstellten höheren Treibhausgasemissionen von Bioenergie im Vergleich mit anderen erneuerbaren Energieressourcen sowie die vermeintliche Flächenkonkurrenz zur Nahrungsmittelproduktion (vgl. Nationale Akademie der Wissenschaften Leopoldina 2013).

Mit der Leopoldina-Studie ging die Debatte in die nächste Runde: In Tageszeitungen waren Artikel mit Überschriften wie z. B. „Forscher erteilen Bioenergie klare Absage" („Spiegel Online") oder „Stoppt den Bio-Wahnsinn" („Die Zeit") zu finden, die überwiegend die Aussagen der Studie zusammenfassten, ohne diese kritisch zu hinterfragen (Kirchner 2012).

Eine Kritik an der Leopoldina-Studie ließ jedoch nicht lange auf sich warten: Hat die Studie die Vorteile von Bioenergie adäquat beschrieben? Biokraftstoffe bieten beispielsweise im Verkehrsbereich derzeit die einzige einsetzbare Alternative zu fossilen Treibstoffen, da bei 4.600 elektrisch betriebenen von insgesamt rund 51 Mio. Fahrzeugen in Deutschland Solar- und Windenergie keine Rolle spielen (Verband der deutschen Biokraftstoffindustrie 2012). Auch die Koppelprodukte der Biokraftstoffproduktion, die als heimische eiweißhaltige Futtermittel die Sojaimporte, zum Beispiel aus Südamerika, verringern und den Druck auf die Landnutzungsänderung dort abmildern können (Technologie- und Förderzentrum 2012), aber in den vergleichenden Treibhausgasbilanzen (Europäische Union 2009) nur nach dem Heizwert bewertet werden (Deutscher Bauernverband 2012), wurden in der Studie nicht diskutiert. Diese Argumente scheinen bei der Forderung nach kombinierter Nahrungsmittel- und Energieproduktion außer Acht gelassen worden zu sein, ebenso wie die Treibhausgasminderung, die bei Biokraftstoffen schon heute nachweislich mindestens 35 % des europäischen Kraftstoffmix' betragen muss, bis 2018 sogar 60 % (Europäische Union 2009). Darüber hinaus wurden Biogas und Biomethan als multifunktionale Energieformen mit nahezu geschlossenem Nährstoffkreislauf im Biomasseanbau und sehr geringem Einfluss auf Preisentwicklungen nur unzureichend bzw. zu undifferenziert betrachtet (Biogasrat 2012). Sollte die Bioenergienutzung entsprechend den Forderungen der Leopoldina-Studie drastisch zurückgefahren werden, muss zumindest mittelfristig verstärkt auf fossile Energieträger zurückgegriffen werden, deren Fördertechniken und Erschließung (z. B. Ölsande, Schiefergas, Tiefseevorkommen) hohe Risiken und Schäden für Umwelt und Klima bergen (Deutsches Biomasseforschungszentrum 2012; Biogasrat 2012).

Mit der Einführung des Biomasseanbaus zu Energiezwecken hierzulande traten aber noch weitere Argumente auf, die in den meist aus agrarwissenschaftlicher Sicht geführten Debatten kaum Erwähnung finden: Der Biomasseanbau sei untypisch für die heimische Landwirtschaft, er führe zum Verlust der traditionell gewachsenen Werte und Aufgaben der Bauern und zu einer „Verschandelung" der – auch touristisch so wichtigen – Kulturlandschaft. Diese Debatte wurde weiter emotionalisiert, als Landwirte aufgrund hoher Öl- und niedriger Getreidepreise Weizen und Gerste zur thermischen Verwertung nutzen wollten. Unter dem Schlagwort „Weizen verheizen" wurde in der Folge kontrovers über eine etwaige Verschwendung von Nahrungsmitteln und den Symbolgehalt bestimmter Kulturpflanzen diskutiert.

Das Resultat dieser hier nur kurz skizzierten Diskussion ist eine unübersichtliche Gemengelage, in der sich Argumente und Aspekte unterschiedlichster Art überlagern und die gerade im öffentlichen Diskurs zu einem guten Teil von Halbwissen, Voreingenommenheit, Emotionalität und gegenseitigem Misstrauen geprägt ist. Die Debatte zeichnet sich vor allem durch folgende Charakteristika aus:

1. Die Diskussion ist – vor allem für den „Bürger von der Straße" – vollkommen unübersichtlich. Werte und Sachfragen überschneiden sich auf diffuse Weise, technische, ökonomische, ökologische, ethische und kulturelle Facetten greifen ineinander.
2. Die Diskussion ist stark moralisch geprägt, d. h. es geht nicht zuletzt um die Frage, ob Energie aus Biomasse „moralisch gut" ist oder nicht.
3. Die Diskussion ist stark von Intuitionen und Emotionen geleitet. Die Traditionen und die Kultur, in der die Teilnehmer der Debatte verwurzelt sind, spielen dabei eine zentrale Rolle.

Breite gesellschaftliche Diskussionen wie jene über Energie aus Biomasse sind ein Zeichen einer lebendigen, funktionierenden Demokratie. Erstarren sie jedoch in einem unversöhnlichen Gegenüber der Fronten, kann dies zu einer Blockade der gesellschaftlichen Entwicklung führen.

Betroffener der konkreten Situation ist einerseits der Landwirt als derjenige, der – sofern er Biomasse für energetische Zwecke produziert – in den Fokus der Kritik gerät und zum Adressaten des gesellschaftlichen Unmutes wird. Er ist von dieser Situation in der Regel in mehrfacher Hinsicht überfordert: Zum einen mit der Diskussion, für die er zwar das nötige Expertenwissen in den landwirtschaftlichen Fragen, nicht jedoch über die ethischen Aspekte und für den Umgang mit Konflikten mitbringt. Zum anderen mit den hohen gesellschaftlichen Erwartungen, die an ihn gestellt werden (und deren Berechtigung noch zu prüfen ist).

Betroffener ist andererseits der Bürger, der um Klarheit ringt, von den technischen, naturwissenschaftlichen, ökonomischen und auch ethischen Aspekten aber teilweise überfordert ist und der Diskussion mal mit Ratlosigkeit, mal mit Groll gegenübersteht.

Betroffene ist drittens auch die Gesellschaft insgesamt, insofern als ihr durch den gesellschaftlichen Konflikt möglicherweise die Sicht auf Wege verstellt wird, die weiterzuentwickeln und zu beschreiten im Interesse aller wäre.

1.2 Ein Weg zum Dialog

Vor dem Hintergrund dieses unübersichtlichen und kontroversen gesellschaftlichen Konfliktes entstand die Zielsetzung des vorliegenden Buches. Es soll einen Weg zu einem sachlichen Dialog auf Basis fundierter Orientierung aufzeigen und die Akteure mit unterschiedlichen Perspektiven in der Debatte miteinander ins Gespräch bringen. Hierzu weist es folgende zentrale Anliegen auf:

Transparenz durch Strukturierung des Konflikts Die gesellschaftliche Auseinandersetzung über Energie aus Biomasse ist – wie die meisten öffentlichen Debatten – durch eine große Unübersichtlichkeit charakterisiert. Dies liegt an der Komplexität der Thematik, die ökonomische, technische, ökologische, soziale, ethisch-moralische sowie kulturelle und emotionale Seiten umfasst, die oft auch noch in je unterschiedlicher Form und Gewichtung miteinander verflochten sind. Schon für Experten ist diese Komplexität schwer zu durchdringen; um wie viel schwieriger ist es für den Laien, sich ein differenziertes Bild und ein Urteil über diese Thematik zu bilden.

Ziel des Buches ist es, das komplexe Themenfeld des Konfliktes übersichtlich zu strukturieren, so dass Fakten- und Wertefragen klar unterscheidbar sind und die einzelnen Dimensionen der Debatte identifizierbar und in ihrer Relevanz erfassbar werden. Auf diesem Wege soll die Transparenz der Auseinandersetzung erhöht werden. Der Fokus liegt dabei auf der zentralen ethischen Dimension der Debatte.

Berücksichtigung aller ethischen Dimensionen Der gesellschaftliche Konflikt um Energie aus Biomasse ist in seinem Kern – wie oben geschildert – ein ethischer. Es geht um die Frage, ob es gut oder vertretbar ist, Biomasse für Energiezwecke anzubauen und zu verwenden. Ziel der Studie ist es demnach, dieser berechtigten und wichtigen gesellschaftlichen Fragestellung nachzukommen und Energie aus Biomasse in ethischer Hinsicht umfassend zu diskutieren. Ausdrücklich nicht im Fokus der Studie liegen damit Fragen der technischen und ökonomischen Realisierbarkeit.

Die Herausforderung einer ethischen Diskussion von Energie aus Biomasse, die gesellschaftliche Anliegen ernst nimmt, liegt darin, *alle* ethischen Dimensionen zu berücksichtigen. Dies bedeutet, dass nicht nur die in einem strengen Sinn normativ-ethischen Aspekte wie die umweltethische und sozialethische Nutzen-Kosten- bzw. Chancen-Risiken-Abwägung erfasst werden müssen. Vielmehr müssen darüber hinaus auch jene weichen, schwer zu fassenden Aspekte diskutiert werden, die sich in der Debatte als undifferenzierte „Bauchgefühle" und Intuitionen, als Tradition, Kultur, „Immer-schon-so-gewesen" usw. bemerkbar machen. Diese Aspekte spielen in der Debatte eine große Rolle, werden jedoch selten explizit zum Thema gemacht. Dies liegt zum großen Teil auch daran, dass sie selten ernst genommen werden und stattdessen als der rationalen Kontrolle entzogene, emotionsbeladene Intuitionen abgetan werden, die die sachliche Auseinandersetzung nur stören und über die zu reden sich nicht lohnt.

Dieser Umgang mit den „Bauchgefühlen" ist jedoch in dreifacher Weise kontraproduktiv: Erstens verhindert er eine adäquate Artikulation, weswegen „die Bauchgefühle" die sachliche Debatte weiterhin durch undifferenzierte Unmutsäußerungen und unscharfe emotionale Vorbehalte behindern. Sie bemächtigen sich des Chancen-Risiken-Diskurses als einzig mögliche Form der Äußerung und machen eine sachliche Auseinandersetzung mit diesen Fragen unmöglich. Zweitens verhindert diese Umgangsweise eine konstruktive Auseinandersetzung mit diesen Vorbehalten und ihren möglicherweise doch berechtigten Anliegen. Und drittens kann diese Form des Umgangs zu Verletzungen und Frustration führen, die sich im Rückzug aus der Diskussion und letztlich in einer prinzipiell ablehnenden Haltung gegenüber allen Neuerungen verfestigen kann.

Indem die Studie neben den umweltethischen und sozialethischen Aspekten ganz wesentlich auch die kulturell-emotionale Dimension behandelt, möchte sie der kontraproduktiven Reduktion der Auseinandersetzung auf Fragen der Chancen und Risiken entgegenwirken und so zur Ermöglichung eines sachlicheren, für alle Fragen und Stimmen offeneren Dialogs beitragen, der allein eine angemessene und alle Parteien zufriedenstellende Behandlung dieses Themas gewährleisten kann.

Versachlichung der Debatte   Die skizzierte Unübersichtlichkeit der Thematik wird noch verstärkt durch das Misstrauen, das sich die Parteien in der Auseinandersetzung gegenseitig entgegenbringen. Deutlich zeigt sich dies an der Praxis von Gutachten und Gegengutachten, welche nicht dazu beiträgt, Vertrauen herzustellen. Im Gegenteil, sie vergrößert das Misstrauen und verstärkt die Ratlosigkeit des Bürgers: Welche Darstellung ist vertrauenswürdig? Welche Partei ist glaubwürdig? Charakteristisch für eine derartige Atmosphäre des Misstrauens ist ein hoher Anteil an Emotionalität in der Diskussion.

Zentrales Anliegen des Buches ist es daher, einen Beitrag zur Versachlichung der hochemotionalen Debatte zu leisten, über eventuelle Missverständnisse und Fehlinformationen aufzuklären und so insgesamt zum Abbau von Misstrauen und zum Aufbau einer fruchtbaren Kultur des Dialogs beizutragen.

Orientierung stiften   Durch die dargelegte Herangehensweise soll schließlich Orientierung für die Akteure – für den Landwirt ebenso wie für den Bürger oder Politiker – in einem hochkomplexen Feld gestiftet werden.

Das Buch bietet eine vorbehaltslose ethische Analyse und Diskussion der einzelnen Punkte und macht auf kritische und schwierige Zusammenhänge aufmerksam. Zentrale ethische Prinzipien werden im konkreten Kontext der Debatte verständlich ausgearbeitet.

Der Leser erhält durch diese Analyse und Diskussion das, was im Bezug auf den unübersichtlichen gesellschaftlichen Konflikt über Energie aus Biomasse am nötigsten ist: fundierte Orientierung durch die Möglichkeit, Argumente abzuwägen sowie Intuitionen und kulturelle Verwurzelungen zu reflektieren und zu prüfen.

1.3   Ziel und Aufbau des Buches

Kern des Buches ist ein dreistufiges Diskussionsmodell, das es dem Leser erlaubt, das Themenfeld „Energie aus Biomasse" fundiert und strukturiert aus ethischer Perspektive zu diskutieren. Als begrenzender Bezugsrahmen wurde hierfür Deutschland und insbesondere Bayern gewählt.

Zu Beginn des Buches wird eine grundsätzliche Orientierung über den Sachstand geleistet. Grundlagen zur Energiegewinnung aus Biomasse werden dabei ebenso erläutert wie die gesetzlichen Rahmenbedingungen und eine Einführung in Aufgaben und Ansätze der Ethik. Im darauffolgenden Kapitel werden Methodik und Aufbau des ethischen Diskussionsmodells vorgestellt. Das erarbeitete Modell umfasst dabei drei Schritte: eine umweltethische, eine sozialethische und eine kulturelle Diskussion. Der Fokus liegt dabei auf den beiden letztgenannten.

Anhand dieses Leitfadens wird im Anschluss daran Energie aus Biomasse einer grundsätzlichen ethischen Erörterung unterzogen. Abgerundet wird die Analyse durch die Bearbeitung von drei ausgewählten Fallbeispielen: Raps zur dezentralen Ölgewinnung, Sorghum zur Biogasproduktion und Weizen zur Herstellung von Bioethanol.

2.1 Energie aus Biomasse

2.1.1 Anteil erneuerbarer Energien

Die energetische Nutzung von Biomasse ist eine der frühesten Formen der Energiebereitstellung der Menschheitsgeschichte und ist für Millionen von Menschen in nicht industrialisierten Ländern nach wie vor die wichtigste Energiequelle (International Assessment of Agricultural Knowledge, Science and Technology for Development 2009, S. 23). In den Industrieländern wurden in den letzten Jahrzehnten – auf der Suche nach Alternativen zu den fossilen Brennstoffen – neuartige Technologien zur Energiegewinnung aus Biomasse entwickelt, die einen hohen technischen Innovationsgrad aufweisen und hinsichtlich ihrer umweltethischen wie auch sozialethischen Auswirkungen nicht mit jenen Formen in ärmeren Ländern zu vergleichen sind.

Die in Mitteleuropa nutzbaren regenerativen Energien sind vor allem Solarenergie, Windkraft und Wasserkraft, Geothermie, Gezeitenenergie und Energie aus Biomasse. **Deutschlandweit** wurden 2012 ca. 12,6 % des gesamten Energieverbrauchs durch erneuerbare Energien gedeckt (Bundesministerium für Umwelt, Naturschutz und Reaktorsicherheit 2013a). Dabei leistet die Bioenergie mit einem Anteil von rund 65 % an der aus erneuerbaren Energiequellen erzeugten Endenergie den größten Beitrag (Abb. 2.1, Bundesministerium für Umwelt, Naturschutz und Reaktorsicherheit 2013a).

In **Bayern** wurden zum Beispiel im Jahr 2010 rund 13 % des Energiemix aus erneuerbaren Energien gedeckt (Bayerisches Landesamt für Statistik und Datenverarbeitung 2013) und für 2011 auf einen Anteil von 14 % geschätzt (Bayerisches Staatsministerium für Wirtschaft, Infrastruktur, Verkehr und Technologie 2012). Energie aus Biomasse ist dabei mit einem Anteil von 6 % der Endenergie – dies entspricht 120 Petajoule – der wichtigste erneuerbare Energieträger. Die anderen erneuerbaren Energien, wie Wasserkraft (4,1 %), Solar- (3,5 %) und Windenergie (0,3 %) sowie Geothermie (0,1 %), tragen mit insgesamt 8 % zur bayerischen Energieversorgung bei. Bis Mitte der 1990er Jahre lag, bezogen auf

M. Zichy et al., *Energie aus Biomasse - ein ethisches Diskussionsmodell*,
DOI 10.1007/978-3-658-05220-1_2, © Springer Fachmedien Wiesbaden 2014

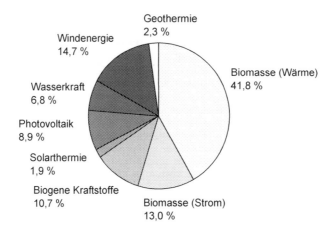

Abb. 2.1 Verteilung der erneuerbaren Energien 2012. (Bundesministerium für Umwelt, Naturschutz und Reaktorsicherheit 2013a)

den Gesamtendenergieverbrauch, der Anteil der Biomasse bei rund 3 % und verdoppelte sich bis 2007 auf rund 6 % (Bayerisches Staatsministerium für Ernährung, Landwirtschaft und Forsten 2009).

In Abb. 2.2 ist der Primärenergieverbrauch in Bayern im Jahr 2011 und der Anteil der erneuerbaren Energien, im speziellen der Energiequellen aus Biomasse, dargestellt (Bayerisches Landesamt für Statistik und Datenverarbeitung 2013). Dabei stellten in 2011 feste und flüssige Brennstoffe mit 30 %, Biogas mit 23 %) und Biokraftstoffe mit 37 % die bedeutendsten Energieträger bzw. -formen aus Biomasse zur Energiebereitstellung in Bayern dar.

2.1.2 Biomasseerzeugung und Eignung für diverse Nutzungspfade

Unter dem Begriff „Biomasse" wird die Gesamtmasse der in einem Lebensraum vorhandenen Stoffe organischer Herkunft verstanden, wie zum Beispiel Pflanzen oder Tiere und

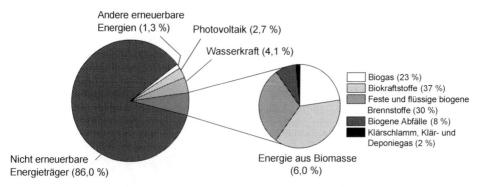

Abb. 2.2 Struktur des Primärenergieverbrauchs in Bayern durch erneuerbare und nicht erneuerbare Energien und jeweiliger Anteil der Energiequellen aus Biomasse 2011. (Bayerisches Landesamt für Statistik und Datenverarbeitung 2013)

Tab. 2.1 Waldholznutzung in Deutschland und Bayern 2011. (Statistisches Bundesamt 2013)

	Stammholz, Stangen, Schwellen (%)	Industrieholz (%)	Energieholz (%)	Nicht verwertetes Holz (%)
Deutschland	51,7	23,6	19,2	5,5
Bayern	53,3	8,3	33,0	5,4

deren Abfall- und Reststoffe. Auch werden Stoffe, die bei der technischen oder stofflichen Nutzung entstanden sind, als Biomasse definiert. Diese sind: Papier- und Zellstoff, organischer Haus-, Gewerbe- und Industriemüll, Schlachthofabfälle oder Pflanzenöl und Alkohol (Kaltschmitt et al. 2009; Marutzky und Seeger 1999). Nach Kaltschmitt et al. (2009) wird Biomasse in Primär- und Sekundärprodukte unterschieden. Primärprodukte entstehen durch die direkte photosynthetische Nutzung der Sonnenenergie. Die Entstehungsgrundlage aller Biomasseprodukte ist letztlich die Photosynthese. Dabei bauen die Pflanzen mit Hilfe der Sonnenstrahlung und des grünen Blattfarbstoffes Chlorophyll aus Kohlendioxid und Wasser Sauerstoff und energiereiche Kohlenhydrate. Zu den Primärprodukten zählen Holz aus dem Wald, aber auch landwirtschaftliche Produkte aus dem Energiepflanzenanbau, wie zum Beispiel schnellwachsende Gehölze, Energiegräser, Getreide oder Ölpflanzen. Des Weiteren werden deren pflanzliche Rückstände und Nebenprodukte, wie beispielsweise Stroh oder Waldrestholz, ebenfalls als Biomasse-Primärprodukte bezeichnet. Primärprodukte sind außerdem Rückstände und Nebenprodukte der Weiterverarbeitungsindustrie, wozu beispielsweise Industrieholz gehört. Die Bildung von Sekundärprodukten hängt nur indirekt von der Sonneneinstrahlung ab. Sie werden durch den Ab- oder Umbau organischer Substanz in höheren Organismen wie Tieren gebildet. Hierzu zählen die gesamte Zoomasse (sämtliche Tiere) sowie deren Exkremente, wie Gülle oder Festmist und Klärschlamm. Der Bioenergieträger Biomasse ist gespeicherte Sonnenenergie, die dann genutzt werden kann, wenn die entsprechende Energienachfrage gegeben ist (Kaltschmitt et al. 2009).

Bei gezielter Biomasseproduktion gilt es, Pflanzenarten zu wählen, die an die ökologischen Bedingungen des Standortes (Temperatur, Niederschlag, Boden) angepasst sind. Generell können die Anbausysteme in Forst, Ackerbau und Grünland unterteilt werden.

Forst: Die Nutzung von forstwirtschaftlich produziertem Holz für Bau- und Energiezwecke sowie als Grundstoff für Gebrauchsgegenstände reicht zurück bis zum Beginn der Menschheitsgeschichte. Aus Alter und Artenzusammensetzung eines Waldes ergeben sich zum Teil sehr unterschiedliche Zuwachsraten pro Jahr und Holzqualitätsunterschiede, auf die die Nutzung abgestimmt werden muss (Kaltschmitt et al. 2009). Die wichtigsten Einsatzgebiete von Rohholz sind die Säge-, Holzwerkstoff-, Zellstoff- und Papierindustrie sowie Biomasse(heiz)kraftwerke und im kleineren Maßstab private Haushalte (Brennholz). In Deutschland wurden im Jahr 2011 insgesamt 56 Mio. m^3 Holz (ohne Rinde) genutzt, wovon 19,2 % des Waldholzes energetisch und 75 % stofflich, zum Beispiel für Spanplatten, Möbel oder Bauholz, verwendet wurden (Tab. 2.1). Verglichen damit wird in Bayern prozentual mehr Holz energetisch verwendet, wobei die Waldfläche in Bayern derzeit 2,5 Mio. ha beträgt (Statistisches Bundesamt 2013).

Holz ist der bedeutendste Energieträger innerhalb der Biomasse. Er wird in der Regel als Holzhackschnitzel, Holzpellets oder Scheitholz verwendet. Energetisch verwertet werden außerdem Nebenprodukte, z. B. aus der holzverarbeitenden Industrie oder Altholzsortimente. Scheitholz- und Pelletanlagen sind vor allem in Wohnhäusern üblich. Holzhackschnitzelfeuerungen versorgen meist größere landwirtschaftliche Anwesen und öffentliche Gebäudekomplexe mit Wärme. In Bayern sind neben zahlreichen Kleinfeuerungsanlagen 351 geförderte Biomasseheizwerke Wärmelieferanten (Technologie- und Förderzentrum 2013). Deutschlandweit gibt es beispielsweise 278.606 Pelletanlagen (Deutsches Pelletinstitut 2013).

Im **Ackerbau** kann der Landwirt vielfältige Kulturen in unterschiedlichen Fruchtfolgestellungen (zeitliche Abfolge der Kulturen), Mischfruchtanbau (Mischung zweier oder mehrerer Kulturen innerhalb eines Feldes) oder auch als Dauerkulturen für verschiedenste Verwendungszwecke anbauen. Eine Fruchtfolge kann ausschließlich der Nahrungs- oder Energieerzeugung dienen oder eine Kombination aus beidem darstellen, wenn Energiepflanzen in Fruchtfolgen mit Marktfrüchten und Futterpflanzen integriert werden. Zudem kann die Standzeitdauer der Kulturen variieren: Es kann sich um einjährige Pflanzen handeln, die als Hauptkultur oder Zwischenfrucht angebaut werden, um mehrjährige Pflanzen oder Dauerkulturen.

Einjährige Kulturen zur energetischen Nutzung sind für den mitteleuropäischen Raum vor allem Mais, Raps, Kartoffel, Zucker- und Futterrübe sowie Getreide-Ganzpflanzensilagen (Getreide-GPS), Sorghum, Grünschnittroggen und Ackergräser. Unter deutschen Klima- und Bodenbedingungen sowie betriebswirtschaftlichen Gesichtspunkten stehen laut Kaltschmitt et al. (2009) in Hauptfruchtstellung vor allem Winterraps für die Ölerzeugung und stärkereiches Getreidekorn als Basis für Bioethanol zur Verfügung. Daneben gibt es auch weniger etablierte Kulturen wie z. B. Topinambur, Buchweizen, Quinoa, Amarant und andere, die noch auf ihre Tauglichkeit für eine energetische Nutzung und Diversifizierung der Fruchtfolge geprüft werden. Für die Erzeugung von Biogassubstraten eignen sich vor allem Mais in Hauptfruchtstellung, Getreide-GPS, Sorghum, Zuckerrüben sowie die oben genannten weniger etablierten Kulturen. Je nach Art ergeben sich unterschiedliche Ertragserwartungen und Gasausbeuten.

Als Dauerkulturen kommen unter mitteleuropäischen Bedingungen vor allem Pflanzenarten, wie Miscanthus und Durchwachsene Silphie oder schnellwachsende Baumarten, wie Pappel und Weide, zum Einsatz. Letztgenannte werden als Kurzumtriebsplantagen (KUP) kultiviert, um innerhalb kurzer Umtriebszeiten (3 bis 10 Jahre) eine große Menge Holz zu produzieren. Der Anbau derartiger Kulturen zur thermischen Verwendung befindet sich noch im Anfangsstadium, nimmt jedoch stetig zu. Anders hingegen in den Tropen und Subtropen, wo Dauerkulturen wie Ölpalme, Zuckerrohr oder Eukalyptus schon seit langem eine sehr wichtige Rolle spielen.

Im Jahr 2013 wurden nach Angaben der Fachagentur für Nachwachsende Rohstoffe e. V. (2013) in Deutschland insgesamt auf ca. 2,4 Mio. ha Nachwachsende Rohstoffe (21 % der Ackerfläche) angebaut, wovon gut 2,1 Mio. ha für energetische Zwecke genutzt wurden (Tab. 2.2). Den mit 45,3 % größten Anteil haben hierbei Pflanzen für Biogasanlagen,

Tab. 2.2 Ackerflächennutzung: Anbau Nachwachsender Rohstoffe in Deutschland in Hektar der Jahre 2012 und 2013. (Quelle: Fachagentur Nachwachsende Rohstoffe e. V. 2013)

Pflanzen	Rohstoff	2012	2013[a]
Energiepflanzen	Rapsöl für Biodiesel/Pflanzenöl	786.000	746.500
	Pflanzen für Bioethanol	201.000	200.000
	Pflanzen für Biogas	1.158.000	1.157.000
	Pflanzen für Festbrennstoffe (u. a. Agrarholz, Miscanthus)	11.000	11.000
	Summe Energiepflanzen	*2.156.000*	*2.114.500*
Industriepflanzen	Industriestärke	121.500	121.500
	Industriezucker	10.000	9.000
	Technisches Rapsöl	125.000	125.000
	Technisches Sonnenblumenöl	7.500	7.500
	Technisches Leinöl	4.000	4.000
	Pflanzenfasern	500	500
	Arznei- und Farbstoffe	13.000	13.000
	Summe Industriepflanzen	*281.500*	*280.500*
Gesamtanbaufläche Nachwachsender Rohstoffe		*2.437.500*	*2.395.000*

[a] Werte für 2013 geschätzt

gefolgt von Raps zur Biodiesel- bzw. Pflanzenölbereitstellung mit 43,0 % und stärke- bzw. zuckerhaltigen Pflanzen zur Bioethanolerzeugung mit 11,4 %. Nur 11.000 ha der Ackerfläche werden für Dauerkulturen zur Festbrennstoffbereitstellung genutzt (0,5 %). Grünlandflächen (zum Beispiel Wiesen oder Weiden) sind in dieser Darstellung nicht berücksichtigt. Somit haben Dauerkulturen wie beispielsweise Kurzumtriebsplantagen oder Miscanthus derzeit eine noch untergeordnete Bedeutung.

Die Nutzungspfade der Energiepflanzen sind sehr unterschiedlich. Für den bayerischen Raum bedeutsam sind vor allem Raps zur Biodiesel- und Rapsölkraftstofferzeugung sowie Substrate für Biogasanlagen. Die Produktionskapazität der Biodieselanlagen in Bayern lagen 2011 bei ca. 332.500 t pro Jahr im Vergleich zu ca. 4,9 Mio. t in Deutschland (Agentur für Erneuerbare Energien 2013). Biodiesel kann aufgrund gesetzlicher Vorgaben bis zu 7 % dem Dieselkraftstoff („B7") beigemischt werden. Reiner Biodiesel „B100" wird kaum mehr an Tankstellen angeboten. Ein Teil der Biodieselproduktionskapazität ist stillgelegt und einige Biodieselproduzenten waren von Insolvenz betroffen. In Bayern waren 2013 noch ca. 86 von ehemals 246 (2007) dezentralen Ölmühlen in Betrieb (Haas und Remmele 2013). Weitere 47 Ölmühlen sind vorübergehend stillgelegt und könnten theoretisch die Produktion wieder aufnehmen. Vor allem ab dem Jahr 2009 stellten viele Ölmühlenbetreiber ihre Produktion aufgrund mangelnder Wettbewerbsfähigkeit gegenüber Dieselkraftstoff ein. Deutschlandweit schlossen seit 2007 240 dezentrale Ölmühlen ihren Betrieb (Haas und Remmele 2013).

Bioethanol wird derzeit als Antiklopfmittel als Additiv und Blendkomponente zum Erreichen der Quotenverpflichtung dem Ottokraftstoff zugefügt. Weiterhin können speziell dafür zugelassene Autos E85, d. h. eine Mischung aus 85 % Bioethanol und 15 % Benzin, tanken. Eine großtechnische Anlage für Bioethanol in Bayern gibt es derzeit nicht. Laut C.A.R.M.E.N. e. V. (2014) existieren momentan in Bayern 36 Tankstellen, die E85 anbieten. Deutschlandweit lag die mögliche Produktionskapazität von Bioethanol im Jahr 2011 bei rund 1 Mio. t (Agentur für Erneuerbare Energien 2013).

Biogasanlagen produzieren aus landwirtschaftlichen Substraten wie Gülle und Nachwachsenden Rohstoffen Strom und Wärme oder – nach der Aufbereitung – Methan, das in das Erdgas-Netz eingespeist werden kann. Im Jahr 2011 gab es bundesweit rund 7.200 und in Bayern 2.375 Biogasanlagen (Agentur für Erneuerbare Energien 2013; Fachverband Biogas e. V. 2013). Damit konnten bei einem durchschnittlichen Jahresstromverbrauch von 3.500 Kilowattstunden rund 1,3 Mio. Haushalte in Bayern mit Strom versorgt werden, was einem Anteil von 5,7 % des bayerischen Bruttostromverbrauchs darstellt (Fachverband Biogas e. V. 2013). Durch Änderung der Vergütungsregelung nach der Novellierung des Erneuerbare-Energien-Gesetzes (EEG) 2012, ging der Zubau der Biogasanlagen von ca. 800 MW (2011) auf rund 194 MW (2013) zurück, begleitet von zahlreichen Insolvenzen und Kündigungen in der Biogasbranche (Fachverband Biogas e. V. 2013).

Grünland kann als Wirtschaftsgrünland mit drei bis fünf Schnitten (Ernten) im Jahr genutzt werden oder als Grünland mit Landschaftspflegecharakter mit nur ein bis zwei Schnitten im Jahr. Von Wechselgrünland spricht man hingegen, wenn auf Ackerland vier- bis fünfjähriges Grünland etabliert und danach wieder Ackerkulturen angebaut werden (Kaltschmitt et al. 2009). Grünland ist eine Dauerkultur und nach der „guten fachlichen Praxis" und z. B. Cross Compliance (im deutschen Gebrauch „anderweitige Verpflichtungen" genannt, die Prämienzahlungen mit der Einhaltungspflicht von Vorgaben verbinden, die sich auf Menschen, Tiere, Pflanzen und Umwelt beziehen können) vor einer Nutzungsänderung in Ackerland geschützt. Dadurch soll zum einen die für Grünland typische vielfältige Flora und Fauna erhalten und zum anderen ein kurzfristiger, deutlicher CO_2-Emissionsanstieg vermieden werden.

Grünlandaufwuchs bzw. Grassilage können neben der Fütterung Verwendung in einer Biogasanlage finden, wo dann Strom und Wärme direkt an der Anlage gewonnen werden oder das Gas in das Erdgasnetz eingespeist wird. In der Praxis hat es sich bewährt, die ersten beiden Schnitte in der Fütterung einzusetzen und die nachfolgenden in der Biogasanlage.

Zusammenfassend ist festzuhalten, dass aus Biomasse verschiedene Energieträger gewonnen werden. Biomasseenergieträger werden entweder direkt beim Verbraucher (z. B. Holz) eingesetzt oder über thermochemische, physikalisch-chemische oder bio-chemische Prozesse in einen festen, flüssigen oder gasförmigen Brennstoff umgewandelt. Aus Bioenergieträgern können durch Verbrennung Strom, Wärme oder Kraftstoffe bereitgestellt werden. Beispiele für Bioenergieträger sind in Abb. 2.3 abgebildet. Der schematische Aufbau typischer Bereitstellungsketten der End- bzw. Nutzenergie aus Biomasse ist in Abb. 2.4 dargestellt.

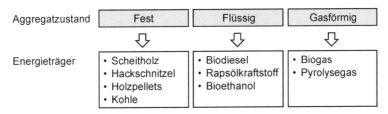

Abb. 2.3 Beispiele für Bioenergieträger verschiedener Aggregatzustände

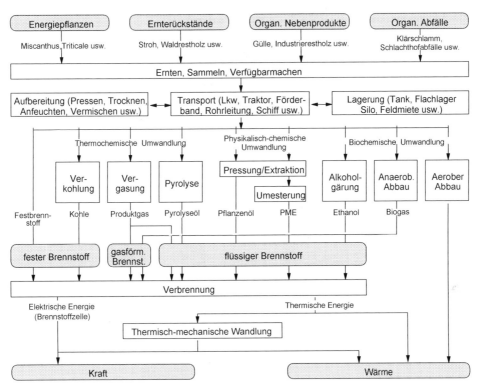

Abb. 2.4 Schematischer Aufbau typischer Bereitstellungsketten zur End- bzw. Nutzenergiebereitstellung aus Biomasse. (Kaltschmitt et al. 2009)

2.2 Gesetzliche Rahmenbedingungen für Bioenergie

2.2.1 Erneuerbare-Energien-Gesetz (EEG)

Die Entwicklung der erneuerbaren Energietechnologien in Deutschland hängt eng mit dem Erneuerbare-Energien-Gesetz (EEG) zusammen. In seiner Fassung vom 17.08.2012 dient es der Umsetzung der Richtlinie 2009/28/EG des Europäischen Parlaments und des Rates vom 23. April 2009 zur Förderung der Nutzung von Energie aus erneuerbaren Quellen (Clearingstelle EEG 2014). Das Bundesgesetz für den Vorrang Erneuerbarer Energien (EEG) soll laut § 1 Abs. 1 „insbesondere im Interesse des Klima- und Umweltschutzes eine nachhaltige Entwicklung der Energieversorgung […] ermöglichen, die volkswirtschaftlichen Kosten der Energieversorgung auch durch die Einbeziehung langfristiger externer Effekte zu verringern, fossile Energieressourcen zu schonen und die Weiterentwicklung von Technologien zur Erzeugung von Strom aus Erneuerbaren Energien zu fördern." (Bundesrepublik Deutschland 2008).

Seit der Novellierung 2009 wird das konkrete politische Ziel verfolgt, den Anteil an erneuerbaren Energien an der Stromversorgung bis zum Jahr 2020 auf mindestens 35 % zu erhöhen. Speziell werden hier Windkraft-, Wasserkraft-, Geothermie-, Solar- und Biomasseanlagen im Rahmen des EEG gefördert. Dabei werden die Abnahme und die Höhe der Vergütungssätze für Strom aus erneuerbaren Energiequellen geregelt, der ins öffentliche Netz eingespeist wird. Der Netzbetreiber hat eine Abnahmepflicht und muss dem Anlagenbetreiber den von ihm ins Netz eingespeisten Strom für 20 Jahre zu einem festen Satz vergüten. Dabei werden die zusätzlichen Kosten auf die Stromverbraucher umgelegt (Bundesrepublik Deutschland 2008; Matthias et al. 2005).

Bei der Nutzung von Biomasse für die Stromerzeugung sind vor allem landwirtschaftliche Biogasanlagen und pflanzenölbetriebene Blockheizkraftwerke (BHKW), die vor dem 01.01.2012 installiert wurden, von Bedeutung. Die Verstromung von anderen Biomasseenergieträgern (z. B. Holz in Holzvergasern) spielt derzeit eine untergeordnete Rolle.

Seit Inkrafttreten der novellierten Fassung des EEG am 01.01.2012 besteht gemäß § 27 Absatz 5 Satz 3 Vergütungsanspruch nach § 27 Absätze 1 und 2 nur für Strom „[…] aus Anlagen, die flüssige Biomasse einsetzen, nur für den Stromanteil aus flüssiger Biomasse, die zur Anfahr-, Zünd- oder Stützfeuerung notwendig ist. Flüssige Biomasse ist Biomasse, die zum Zeitpunkt des Eintritts in den Brenn- oder Feuerraum flüssig ist." Demnach werden pflanzliche Öle als Kraftstoff für Verbrennungsmotoren-BHKW nicht mehr nach dem EEG vergütet. Anlagen, die vor dem Inkrafttreten in Betrieb genommen worden sind, bleiben von der Änderung unberührt.

Des Weiteren brachte die Novelle des EEG 2012 einige Veränderungen bei den Bonussystemen für Bioenergie. Unter stärkerer Berücksichtigung der Nutzung von Reststoffen in der Landwirtschaft (Gülle, Einstreu), der Landschaftspflege und dem Forstbereich (Restholz) sowie Holz aus Kurzumtriebsplantagen soll die Stromproduktion aus erneuerbaren Energien weiter ausgebaut werden (Bundesministerium für Ernährung, Landwirtschaft und Verbraucherschutz 2012). Darüber hinaus wurde eine Begrenzung der Nutzung von Mais (GPS und Körnermais) und Getreidekorneinsatz (einschl. Corn-Cob-Mix) in Biogasanlagen auf höchstens 60 Masseprozent pro Kalenderjahr beschränkt. Geänderte Vergütungsstrukturen sollen besonders kleine, Gülle basierte Biogasanlagen (bis 75 kW) fördern (Bundesministerium für Ernährung, Landwirtschaft und Verbraucherschutz 2012).

Zugleich wurde im August 2012 das „Gesetz zur Änderung des Rechtsrahmens für Strom aus solarer Strahlungsenergie und weiteren Änderungen im Recht der erneuerbaren Energien", die sogenannte PV-Novelle, veröffentlicht und trat rückwirkend zum 1. April 2012 in Kraft. Es beinhaltet neben Vergütungskürzungen für Anlagen, die ab dem 01.4.2012 installiert wurden, u. a. ein neues Marktintegrationsmodell. Dieses beinhaltet nur noch 90 % des Stroms eines Kalenderjahres von neuen, auf, an oder in Gebäuden und Lärmschutzwänden errichteten PV-Anlagen, die mehr als 10 kW bis einschließlich 1 MW installierte Leistung aufweisen, zu fördern. Dies soll Anlagenbetreiber dazu bringen, die Installation von Photovoltaikanlagen stärker am Bedarf zu orientieren (Bundesministerium für Umwelt, Naturschutz und Reaktorsicherheit 2013b). Des Weiteren gelten beispielsweise im § 27 EEG 2012 für Biomasse neue Regelungen der Nachweispflichten bei bzw. nach erstmaliger Inanspruchnahme des Vergütungsanspruches sowie die Regelung, dass Pflanzenölmethylester auch bei der Stromerzeugung aus Abfall- und Güllevergärung im Umfang der notwendigen Anfahr-, Stütz- und Zündfeuerung als Biomasse gilt. Auch wird die Stromvergütung bis 20 MW von Anlagen größer 20 MW auf solche ausgedehnt, die vor dem 01.01.2009 in Betrieb gingen (Clearingstelle EEG 2013; Bundesministerium für Umwelt, Naturschutz und Reaktorsicherheit 2013b).

Eine weitere Reform des EEG wird im Laufe des Jahres 2014 erwartet. Ausgehend von dem Koalitionsvertrag sollen im EEG der Ausbaukorridor für die erneuerbaren Energien verbindlich festgelegt und neue Regelungen für den Ausbau oder die Vergütung der Windenergie und Biomasse festgeschrieben werden. Der Ausbau der Biomasse soll sich beispielsweise überwiegend auf Abfall- und Reststoffe begrenzen, während die Fördersätze für Windenergie bei windstarken Standorten an Land gesenkt werden sollen (Bundesministerium für Wirtschaft und Energie 2014). Zum Redaktionsschluss des Buches waren die politischen Debatten hierzu noch in vollem Gange.

2.2.2 Bundes-Immissionsschutzgesetz

Zweck des Bundes-Immissionsschutzgesetz (BImSchG) ist es, „Menschen, Tiere und Pflanzen, den Boden, das Wasser, die Atmosphäre sowie Kultur- und sonstige Sachgüter vor schädlichen Umwelteinwirkungen zu schützen und dem Entstehen schädlicher Umwelteinwirkungen vorzubeugen." In den Geltungsbereich des BImSchG fällt auch das Herstellen, Inverkehrbringen und Einführen von Brennstoffen und Treibstoffen.

Gemäß § 37a BImSchG müssen Betriebe, die Otto- oder Dieselkraftstoffe in Verkehr bringen, sicherstellen, dass die gesamte in Verkehr gebrachte Menge Kraftstoff einen Mindestanteil an Biokraftstoff enthält. Dieser beträgt jährlich bis zum 31. Dezember 2014 für Dieselkraftstoff ersetzenden Biokraftstoff mindestens 4,4 % und für Ottokraftstoff ersetzenden Biokraftstoff mindestens 2,8 %. Davon unabhängig ist jährlich ein Mindestanteil von Biokraftstoff an der Gesamtmenge des in Verkehr gebrachten Otto- und Dieselkraftstoffs von mindestens 6,25 % sicherzustellen. Die besagten Mindestanteile im genannten Zeitraum beziehen sich auf den Energiegehalt der Gesamtmenge an Otto- bzw. Dieselkraftstoff zuzüglich des Biokraftstoffanteils.

Ab dem Jahr 2015 muss die Menge an Biokraftstoff (an der gesamten Menge an Diesel-, Otto- und Biokraftstoff) in Verkehr gebracht werden, bei der eine Treibhausgasminderung von mindestens 3 % erreicht wird, ab dem Jahr 2017 von mindestens 4,5 % und ab dem Jahr 2020 von mindestens 7 % (entspricht ca. 12 % energetisch). Bei der Berechnung sind auch die bei der Herstellung des Biokraftstoffs entstehenden Treibhausgase zu berücksichtigen.

Der Mindestanteil an Biokraftstoff kann durch Beimischung zu Otto- oder Dieselkraftstoff oder durch Inverkehrbringen reinen Biokraftstoffs sowie durch die Zumischung von Biomethan zu Erdgaskraftstoff sichergestellt werden. Dabei muss das Biomethan den Anforderungen für Erdgas nach der Verordnung über die Beschaffenheit und Auszeichnung der Qualitäten von Kraft- und Brennstoffen (10. BImSchV) der jeweils geltenden Fassung entsprechen (Bundesministerium der Justiz 2013). Die Erfüllung der Verpflichtungen kann auch auf Dritte übertragen werden. Mithilfe dieser Regelung sollen die in der Richtlinie 2009/28/EG festgelegten verbindlichen nationalen Ziele für den Anteil von Energie aus erneuerbaren Quellen im Verkehrssektor erreicht werden (Amtsblatt der Europäischen Union 2009). Danach hat jeder Mitgliedstaat zu gewährleisten, „dass sein Anteil von Energie aus erneuerbaren Quellen bei allen Verkehrträgern im Jahr 2020 mindestens 10 % seines Endenergieverbrauchs im Verkehrssektor entspricht".

2.2.3 Biomassestrom- und Biokraftstoff-Nachhaltigkeitsverordnung

Um eine nachhaltige energetische Nutzung von Biomasse im Strom- und Kraftstoffbereich zu fördern, wurden in Deutschland die sogenannten Biomassestrom-Nachhaltigkeitsverordnung (BioSt-NachV) und die Biokraftstoff-Nachhaltigkeitsverordnung (Biokraft-NachV) erlassen. Diese setzen den von der Europäischen Union in der Erneuerbare-Energien-Richtlinie 2009/28/EG (Amtsblatt der Europäischen Union 2009) vorgegebenen Rahmen in nationales Recht um. Darin werden Nachhaltigkeitsanforderungen z. B. für die Herstellung von Pflanzenölkraftstoffen zur Stromerzeugung und zur mobilen Nutzung festgelegt. Im Interesse des Umweltschutzes darf unter anderem der Anbau weder besonders schützenswerte Flächen (z. B. Urwälder) noch Flächen mit hohem Kohlenstoffgehalt (z. B. Feuchtgebiete) zerstören. Außerdem muss eine bestimmte Mindest-Treibhausgaseinsparung im Vergleich zu fossilen Energieträgern erzielt werden. Nur beim Einsatz von nachweislich nachhaltig erzeugter flüssiger Biomasse (für Strom aus Anlagen, die vor dem 01.01.2012 in Betrieb genommen wurden) und jeglicher Biomasse (für Kraftstoff) ist ein Anspruch auf Vergütung für Strom nach EEG gegeben und eine Anrechnung von Biokraftstoffen auf die Quote, bzw. eine Energiesteuerbegünstigung für Biokraftstoffe möglich.

2.2.4 Energiesteuergesetz (EnergieStG)

Nach § 2 Abs. 4 EnergieStG unterliegen Biodiesel, Rapsölkraftstoff und andere pflanzliche Öle für den **mobilen Einsatz** grundsätzlich der gleichen Energiesteuer wie Dieselkraftstoff, da sie diesem in ihrer Beschaffenheit und in ihrem Verwendungszweck am nächsten kommen. Um die Nutzung von Biokraftstoffen zu fördern waren Biodiesel und Pflanzenöle als Reinkraftstoff bis zum 31. Dezember 2012 steuerbegünstigt (18,60 Cent/l und 18,46 Cent/l). Trotz Forderungen der Branche diese Förderung zu verlängern, wurde sie außer Kraft gesetzt, so dass seit Januar 2013 die Energiesteuer für Biodiesel und Pflanzenöl 44,9 Cent/l beträgt (Energiesteuer für Dieselkraftstoff: 47,04 Cent/l). Abweichend von diesen Steuersätzen wird nach § 57 EnergieStG Biodiesel und Pflanzenöl, welches als Reinkraftstoff in der Land- und Forstwirtschaft Verwendung findet, auf Antrag beim Hauptzollamt vollständig von der Energiesteuer entlastet. Eine Steuerbefreiung bis 2015 wird ebenfalls gewährt für in § 50 EnergieStG definierte besonders förderwürdige Biokraftstoffe. Zu diesen gehören synthetische Kohlenwasserstoffe sowie deren Gemische, die durch thermochemische Umwandlung von Biomasse gewonnen werden oder Alkohole, die durch biotechnologische Verfahren zum Aufschluss von Zellulose gewonnen werden. Des Weiteren zählen auch Energieerzeugnisse, die einen Bioethanolanteil von 70 bis 90 % enthalten zu den förderungswürdigen Biokraftstoffen, ebenso wie Biomethan.

Nach § 2 Abs. 4 Energiesteuergesetz unterliegen Rapsöl und andere pflanzliche Öle als Ersatz für **Heizstoffe** grundsätzlich der gleichen Energiesteuer wie Heizöl in Höhe von 6,14 Cent/l. Werden Pflanzenöle als Heizstoff in BHKW eingesetzt, so kann im Sinne des § 53 EnergieStG eine vollständige Steuerentlastung gewährt werden, wenn ein Großteil der anfallenden Wärme genutzt und dadurch ein Monats- oder Jahresnutzungsgrad von mindestens 70 % erreicht wird.

2.3   Ethik

Als Ende der 1970er Jahre in der Medizin und der Ökologie zum ersten Mal die Nachfrage nach Ethik aufkam, ahnte noch keiner, dass dreißig Jahre später in beinahe allen gesellschaftlichen Handlungsfeldern der Ruf nach Ethik laut werden würde. Der für eine philosophische Disziplin beispiellose Erfolg hängt dabei von mehreren Faktoren ab: Die Erosion der Verbindlichkeit traditioneller moralischer Autoritäten, wie etwa der Kirchen, führt wie die damit im Zusammenhang stehende Pluralisierung von Orientierungs- und Wertesystemen zu einer tiefen Verunsicherung darüber, was „gut" und „richtig" ist. Verstärkt wird dies durch die ungeheure Komplexität der Zusammenhänge in einer hochtechnisierten und globalisierten Weltgesellschaft. Und schließlich entstehen mit den rasanten wissenschaftlichen und technischen Entwicklungen fast täglich neue Handlungsmöglichkeiten, vor denen unser intuitives ethisches Empfinden schon deshalb versagen muss, weil wir keine Erfahrungen im Umgang mit diesen Optionen haben.

Was „gut" und „richtig" ist, erscheint also immer weniger klar. Zu strittig, zu komplex und zu neu sind die Probleme, die sich uns stellen. Und so eröffnet sich mit beinahe jeder Entwicklung ein neues moralisches Konfliktfeld, mit dem die Nachfrage nach professioneller Ethikberatung abermals steigt.

Während der Bedarf an Ethik permanent anwächst, existieren gleichzeitig jedoch höchst unklare und zum Teil auch widersprüchliche Vorstellungen darüber, was Ethik ist und was sie leisten soll und kann. Kann und soll Ethik auf komplexe und kontrovers verhandelte Fragen eindeutige Handlungsempfehlungen geben, wie einige verlangen, und die Diskussionen damit ein für allemal beenden? Mit welcher Autorität könnte sie dies tun? Ist es Aufgabe der Ethik, moralische Bauchgefühle zu bestätigen? Oder im Gegenteil, ihnen zu widersprechen und sie gar zu widerlegen? Ist Ethik aber dann nicht bloß ein Mittel der Akzeptanzschaffung, wie einige argwöhnen? Antworten auf diese und weitere Fragen finden sich in den kommenden Ausführungen. (Der interessierte Leser findet in folgender Literatur, auf die sich auch die vorliegende Studie bezieht, vertiefende Informationen zur Ethik: Bayertz 2006; Birnbacher 2003; Düwell et al. 2006; Pauer-Studer 2003; Quante 2003; Stoecker et al. 2011; Vieth 2006.)

2.3.1   Was ist Ethik?

Der Frage, was Ethik ist, begegnet man am besten mit der Unterscheidung zwischen Moral und Ethik. In der Alltagssprache sind Ethik und Moral austauschbare Begriffe; wird in unserer alltäglichen Sprache ein Verhalten als ethisch oder unethisch bezeichnet, dann ist damit dasselbe wie mit moralisch oder unmoralisch gemeint. Der Begriff Ethik wird dabei oft dem Begriff Moral vorgezogen, da er weniger streng und altertümlich klingt. „Moral" erinnert an erhobene Zeigefinger, Engherzigkeit und überholte Autoritäten. „Ethik" dagegen wirkt locker, modern und aufgeklärt.

In der wissenschaftlichen Ethik hat sich jedoch eine Unterscheidung zwischen diesen beiden Begriffen eingebürgert, die quer zum Alltagsverständnis läuft:

Moral „Moral" wird als Synonym zu „Moralsystem" gebraucht, d. h. unter „Moral" versteht man die in einer Gesellschaft geltenden Regeln, Wertmaßstäbe, Institutionen, Überzeugungen, Gefühle usw., die auf ein höchstes Sollen gerichtet sind und die vorschreiben, wie sich die Mitglieder der entsprechenden Gesellschaft verhalten sollen. Die Moral einer Gesellschaft besteht folglich aus der Gesamtheit der expliziten oder impliziten Antworten auf die Frage „Wie soll ich handeln (um gut und richtig zu handeln)?" So ist etwa das Gebot „Du sollst nicht töten" ein wichtiger Bestandteil unserer (und fast jeder) Moral. Da es eine Vielzahl an Kulturräumen mit unterschiedlichen Moralvorstellungen gibt, gibt es auch eine Vielzahl an Moralen.

Moral hat dabei eine Außen- und eine Innenseite. Die Außenseite wird gebildet durch die Institutionen, Regeln, Normen, Sanktionen usw., die das menschliche Verhalten regeln sollen. Die Innenseite der Moral besteht aus verinnerlichten Regeln und Überzeugungen, die man anerkennt, für richtig hält und bejaht. Sie sind mit intensiven Emotionen verbunden, wie z. B. Schuld, Empörung, Scham usw. Eine typische Manifestation der Innenseite der Moral ist das „schlechte Gewissen".

Der Sinn der Moral liegt in erster Linie im Erhalt der Möglichkeit eines guten Miteinander-Lebens; Moral ist für das Funktionieren einer Gesellschaft unabdingbar. Durch ihre Vorschriften, Regeln, Institutionen usw. sorgt sie dafür, dass grundlegende Interessen aller Gesellschaftsmitglieder berücksichtigt werden und die Interaktion und Kooperation aller Mitglieder einer Gesellschaft möglichst konfliktfrei, d. h. möglichst reibungs- und verlustfrei, vonstatten gehen. Sie stellt sicher, dass das wertvollste Kapital einer Gesellschaft – das

Vertrauen – nicht erodiert. Moral ist für alle gut: „Das beste mögliche Leben für jeden ist nur dadurch möglich, dass jeder den Regeln der Moral gehorcht […]" (Baier 1974, S. 292).

Es gibt jedoch Situationen, in denen die etablierte Moral versagt. Dies kann etwa dann der Fall sein, wenn ein Widerspruch der Gefühlsregungen auftritt, wenn Probleme aufgrund ihrer Komplexität unübersichtlich sind, wenn traditionelle Orientierungen verloren gehen (z. B. Verlust der Autorität der Kirchen) oder wenn neue (technische) Handlungsoptionen entstehen, die neue Fragen aufwerfen (z. B. Gentechnik). Die Moral kann dann auf die Frage, wie zu handeln ist, keine oder zumindest keine eindeutige, unstrittige Antwort mehr geben – eine Verunsicherung darüber, was gut und richtig ist, ist die Folge.

Wenn Moral versagt und dadurch selbst zum Problem wird, wird es notwendig, über Moral nachzudenken, um nach neuen Antworten zu suchen und Auswegen aus ihren Sackgassen zu finden. Diese Aufgabe bzw. der damit in Verbindung stehende Aufgabenkomplex fällt der Ethik zu.

Ethik Unter Ethik versteht man in der Philosophie die Reflexion der Moral. Gegenüber der Moral operiert Ethik also auf einer Metaebene; allerdings kann es im konkreten Fall schwierig sein, die Ebenen zu unterscheiden, da sie ineinander übergehen.

Ebenso wie die Moral hat die Ethik den Zweck, Antworten auf die Frage „Was sollen wir tun (um gut und richtig zu handeln)?" zu geben. Während die Moral diese Antworten aber einfach bereitstellt bzw. immer schon gegeben hat, geht es in der Ethik darum, diese Antworten zu hinterfragen, eventuell neue, bessere zu finden und – dies ist wesentlich – diese zu begründen. Um dies zu leisten, entwickelt die Ethik Theorien und geht methodisch vor. Die Ethik bzw. die Moralphilosophie ist daher eine zur Philosophie zählende wissenschaftliche Disziplin, die sich mit dem moralisch richtigen Handeln beschäftigt. Dabei ist sie an den methodischen Idealen der Rationalität, Nachvollziehbarkeit, Kohärenz und Systematizität orientiert.

Die Ethik hat mehrere Subdisziplinen:

Die **deskriptive Ethik** strebt nach einer Beschreibung von moralischen Phänomenen, etwa von Werteüberzeugungen einer bestimmten Gesellschaft, einer bestimmten gesellschaftlichen Klasse, einer bestimmten Epoche usw. Sie stellt weder normative Behauptungen noch hält sie sich mit Begründungsfragen auf. Allerdings ist sie die Grundlage jeder Reflexion der Moral, d. h. der Ethik im strengen Sinne. Gerade gesellschaftliche, moralisch konnotierte Kontroversen bedürfen einer erschöpfenden Beschreibung, bevor Urteile erarbeitet und geprüft werden können.

Die **Metaethik** ist demgegenüber eine philosophische Disziplin, die Aussagen über die Verwendung, Bedeutung und Struktur ethischer – und damit auch moralischer – Sprache und Argumentation macht. Auch hier werden keine normativen Behauptungen aufgestellt, allerdings auch keine faktischen Normensysteme beschrieben. Ihre Hauptaufgabe besteht vielmehr darin, den Status ethischer Aussagen zu klären.

Die **allgemeine normative Ethik** bzw. kurz einfach Ethik ist, wie eingangs beschrieben, die Wissenschaft von der Moral bzw. vom moralisch richtigen Handeln. Im Unterschied zur deskriptiven Ethik, die sich mit der Beschreibung von Moralsystemen begnügt, macht die allgemeine Ethik normative Aussagen. D. h. sie macht Aussagen darüber, wie wir handeln sollen. Sie hat drei Grundfragen und entsprechend drei Aufgaben:

Die erste Grundfrage der Ethik lautet: „Was soll ich tun?" Es ist dies die Frage nach der moralisch richtigen Handlung. Mit ihr ist die Aufgabe der Ethik umschrieben, im Hinblick auf das ethisch Richtige und Gute im Handeln zu orientieren. Zu diesem Zweck muss die Ethik Theorien entwerfen und Kriterien der ethischen Richtigkeit formulieren, anhand derer diese Grundfrage beantwortet werden kann.

Die zweite Grundfrage der Ethik – die Begründungsfrage – kann in einer zweifachen Form gestellt werden. Zum einen muss die Ethik beantworten können, warum die Handlung A gut und Handlung B demgegenüber schlecht ist. Dazu muss sie nicht nur Kriterien der ethischen Richtigkeit formulieren, sondern diese Kriterien ihrerseits theoretisch begründen. Die Begründungsfrage kann auch eine radikalere Form annehmen und von der einzelnen Handlung auf das Ganze der Moral überspringen. Die Frage lautet dann: „Warum überhaupt moralisch handeln?" Die Aufgabe der Ethik besteht hier darin, Gründe und Argumente ausfindig zu machen, die dafür sprechen, überhaupt moralisch zu handeln.

Die dritte Grundfrage der Ethik lautet: „Was bedeuten ethische Begriffe?". Die dritte Aufgabe der Ethik besteht dementsprechend in der Klärung ethischer Begriffe im Rahmen einer ethischen Theorie. Daraus folgt die Notwendigkeit zur Formulierung eines theoretischen und methodologischen Unterbaus.

Diese drei Grundfragen der Ethik werden von einer Vielzahl von ethischen Theorien bearbeitet und beantwortet.

Die **angewandte Ethik** ist diejenige Disziplin der philosophischen Ethik, die sich der wirklichen, konkreten ethischen Probleme, die gewissermaßen „vom Leben selbst" aufgeworfen werden, annimmt. Diese Probleme und das Interesse an ihrer Lösung sind nicht nur theoretischer Art, sondern praktisch und lebensrelevant, wie etwa: „Sollen Abtreibungen erlaubt werden?", „Ist es zulässig, in das Erbgut von Menschen/Tieren/Pflanzen einzugreifen?", „Darf man Menschen für Forschungszwecke täuschen?" usw. Probleme solcher Art sind, wenn sie sich denn stellen, meistens akut und bedrängen die Gesellschaft. Sie müssen daher in einem absehbaren Zeitrahmen, moralisch zufriedenstellend und praktisch umsetzbar gelöst werden.

Streng genommen gibt es die angewandte Ethik in Reinform nicht. Sie ist bloß ein Überbegriff für die sogenannten Bereichs- oder Bindestrichethiken: der Umweltethik, der Wirtschaftsethik, der Bioethik, der Technikethik, der Medizinethik usw. Jeder Bereich hat dabei seine eigenen spezifischen ethischen Kriterien.

Aufgaben der Ethik Die Aufgaben der Ethik, insbesondere der angewandten Ethik, lassen sich in vier Punkten zusammenfassen:

1. Orientierung geben

Die erste und wichtigste Aufgabe der Ethik, zumal der angewandten Ethik, besteht darin, Orientierung zu geben. Die Ethik soll also die Frage „Was sollen wir bzw. dürfen wir (in diesem oder jenem Fall) tun?" beantworten. Diese Frage ist die Grundfrage der Ethik, ihr gesamtes Bemühen kann als Bearbeitung dieser einen Frage verstanden werden.

Die Art und Weise, wie diese Frage beantwortet wird, ist nicht beliebig. Die Frage muss wissenschaftlich, d. h. nachvollziehbar und rational überprüfbar geschehen. Dazu muss auf gültige ethische Kriterien zurückgegriffen werden, die ihrerseits wiederum mit ethischen Theorien zu begründen sind.

In diesem Zusammenhang ist es wichtig, darauf hinzuweisen, was Ethik nicht leisten kann: Ethik kann keine ewigen Wahrheiten bereitstellen, ihre Antworten sind zeit- und kontextbedingt. Insbesondere dort, wo sie stark situationsspezifisch arbeitet, sind ihre Antworten mit einem Ablaufdatum versehen. Ethische Erkenntnisse sind fehlbar. Darüber hinaus kann Ethik keine Verantwortung übernehmen. Ethik orientiert, sie entscheidet nicht. Entscheidungen und die damit verbundene Verantwortung kann immer nur derjenige Einzelne tragen, der die Entscheidung fällt.

2. Entschärfung von Konflikten

Viele ethische Probleme haben ihren Ursprung darin, dass keine Einigkeit oder Unsicherheit darüber herrscht, ob eine Handlung zulässig ist oder nicht und ob sie daher erlaubt werden sollte oder nicht. Darüber entstehen teilweise heftige Konflikte, die mitunter sogar den sozialen Frieden zu gefährden drohen. In der Wissenschaft können die Konflikte dazu führen, die Forschung und den Erkenntnisfortschritt zu lähmen.

Der philosophischen Ethik kommt in solchen Fällen die Funktion des Streitschlichters und Konfliktmanagers zu, dem vor allem daran liegt, einen Dialog zu ermöglichen und ihn zu versachlichen. Der Ethik obliegt es insbesondere,

- die Pro- und Contra-Argumente unparteiisch und kritisch zu prüfen, Interessen, Meinungen und Überzeugungen auf ihre Legitimität und die Berechtigung ihrer Geltungsansprüche abzuklopfen,
- zu prüfen, wo eventuell moralisch adäquate Kompromisse geschlossen werden könnten,
- zu prüfen, welche Streitschlichtungsverfahren angemessen sind.

Indem die Ethik diese Aufgaben wahrnimmt, wird sie zu einem gesellschaftlichen Verständigungsinstrument, d. h. zu einem Mittel der gewaltlosen und fairen Konfliktbewältigung.

3. Aufklärung und Vermittlung

Ethische Probleme und Konflikte sind unter anderem auch durch Missverständnisse, gegenseitiges Misstrauen, Ängste vor dem Unbekannten usw. gekennzeichnet, wenn nicht sogar verursacht. Um Orientierung stiften und Konflikte beilegen helfen zu können, muss Ethik daher dazu beitragen, Missverständnisse aufzuklären, Misstrauen zu begegnen und unbegründete Ängste zu nehmen. Dies geschieht vor allem dadurch, dass sie Probleme und Konflikte in ihrer normativen Struktur begreiflich macht, das relevante Wissen über Fakten und Normen reflektiert und vermittelt sowie gegensätzliche Standpunkte nachvollziehbar macht. Der Ethik kommt daher eine Brückenfunktion zu, die sie zwischen den wissenschaftlichen Fächern, zwischen Wissenschaft und Gesellschaft sowie zwischen Teilen der Gesellschaft vermitteln lässt.

4. Begriffseklärung sowie Theorien- und Methodenbildung

Um ihre ersten drei Aufgaben bewältigen zu können, muss die Ethik a) Klarheit über moralische Begriffe und Konzepte gewinnen und b) Theorien, Methoden und Kriterien entwickeln, mit denen diese Aufgaben bewältigt werden können. Die Begriffsklärung sowie die Theorien und Methoden sind gleichsam die Werkzeuge, mit denen die Probleme der Moral behandelt werden können. Diese Werkzeuge müssen aber ihrerseits zunächst entwickelt und dann beständig gepflegt und immer wieder von neuem angepasst werden. Insofern ist es auch nicht verwunderlich, wenn diese Aufgabe die meiste Zeit und die größte Mühe beansprucht.

2.3.2 Ethische Ansätze

In der Ethik hat sich eine Vielzahl unterschiedlichster theoretischer Ansätze und Methoden herausgebildet, in denen sich der Pluralismus moderner Gesellschaften spiegelt. Der Pluralismus in der Ethik hat zur Folge, dass es auch in der Ethik oft keine einhelligen Antworten auf ethische Fragen gibt, sondern zuweilen für ein und dasselbe Problem völlig entgegengesetzte Lösungsvorschläge, entsprechend den Theorievarianten, die zur Lösung herangezogen werden.

Zu den historisch wie systematisch wichtigsten Theoriéansätzen innerhalb der Ethik, die schon im Ansatz völlig unterschiedliche Standpunkte einnehmen, zählen deontologische und konsequentialistische Zugangsweisen; darüber hinaus sind tugendethische Ansätze erwähnenswert.

Deontologische Ansätze Deontologische Ansätze (vom Griechischen „*deon*": das Erforderliche, das Gesollte, die Pflicht), deren Begründer und Hauptvertreter Immanuel Kant (1724–1804) war, schließen an den Verpflichtungscharakter von Moral an. Die Grundlage der Moral ist für den Deontologismus das Sollen bzw. die Pflicht. Eine moralisch gute Handlung ist demgemäß eine, die dem ethischen Sollen folgt, d. h. die aus Pflicht zum moralisch richtigen Handeln erfolgt. Handlungen werden also danach beurteilt, ob sie aus Pflicht getan wurden. Entscheidend für den moralischen Wert einer Handlung sind daher nicht die Folgen derselben, sondern die Absicht, die Intention oder der Wille der Handlung.

In gewisser Weise entspricht dies durchaus der Alltagsmoral: Es macht einen großen Unterschied, ob eine Handlung in guter oder schlechter Absicht durchgeführt wurde, unabhängig davon, ob die Folgen einer Handlung nun gut oder schlecht sind.

Worin nun die moralische Pflicht bzw. das moralische Sollen genau besteht, darüber gehen die Meinungen auseinander. Für Kant lässt sich das „moralische Gesetz" im sogenannten kategorischen, d. h. unbedingt geltenden Imperativ auf den Punkt bringen: „Handle nur nach derjenigen Maxime, durch die du zugleich wollen kannst, daß sie ein allgemeines Gesetz werde." (Kant 1984, S. 68).

Problematisch an einem strengen Deontologismus sind seine einseitige Orientierung an der moralischen Pflicht und die damit einhergehende Außerachtlassung der Handlungsfolgen.

Konsequentialistische Ansätze Der Konsequentialismus bzw. – als seine gängigste Spielart – der Utilitarismus (vom Lateinischen „*utilitas*": Nutzen) gilt als der große Gegenspieler des Deontologismus. Begründet wurde er von Jeremy Bentham (1748–1832) und John Stuart Mill (1806–1873). Im Gegensatz zum Deontologismus geht der Konsequentialismus davon aus, dass – wie der Name schon sagt – die Konsequenzen der entscheidende Aspekt des moralischen Wertes einer Handlung sind. Handlungen müssen folglich danach beurteilt werden, welche Folgen sie haben; die Absicht bzw. Intuition einer Handlung spielt demgegenüber keine Rolle.

Eine moralisch gute Handlung ist demnach dadurch gekennzeichnet, dass sie gute Folgen hat, dass sie zur Verwirklichung oder Vermehrung eines Gutes beiträgt. In den meisten Fällen wird dieses Gut als Nutzen definiert, weswegen der Konsequentialismus häufig als Utilitarismus bezeichnet wird. Gut ist eine Handlung dann, wenn sie Nutzen erzeugt bzw. zur Maximierung des Nutzens beiträgt. Eine klassische Formulierung dieses Nutzenprinzips findet sich bei Bentham: „Mit dem Nutzenprinzip ist jenes Prinzip gemeint, das jede Handlung billigt oder missbilligt, je nachdem, ob sie die Tendenz dazu zu haben scheint, das Glück der durch diese Handlung Betroffenen zu vermehren oder zu vermindern."[1]

Auch die konsequentialistische und insbesondere die utilitaristische Position ist nicht frei von Schwierigkeiten: So ist etwa umstritten, wie Nutzen genau definiert und quantifiziert werden soll; genau davon hängt aber die Leistungsfähigkeit dieser Position ab. Problematisch ist auch, dass es dem Konsequentialismus nur schwer gelingt, wichtige moralische Werte bzw. die ihnen korrespondierenden Pflichten, wie etwa Menschenwürde oder Gerechtigkeit, zu integrieren.

Festzuhalten ist, dass beide Ansätze in ihrer Reinform zu kontraintuitiven Ergebnissen führen und daher nicht plausibel sind. In der Alltagsmoral spielen beide Aspekte – der

---

[1] Übersetzt von M. Zichy. Im englischen Original lautet die Stelle: „By the principle of utility is meant that principle which approves or disapproves of every action whatsoever, according to the tendency it appears to have to augment or diminish the happiness of the party whose interest is in question: or, what is the same thing in other words to promote or to oppose that happiness." (Bentham 1996, S. 11 f.).

deontologische und der konsequentialistische – eine Rolle und können kaum auf nur eine Sichtweise reduziert werden. Heutige Vertreter dieser Richtungen müssen daher erhebliche Anpassungen vornehmen. Die meisten Ethiker vertreten aus diesem Grund Mischformen, die deontologische mit konsequentialistischen Elementen verbinden. Den Konsequenzen einer Handlung wird dabei in der Regel ein erhebliches Gewicht zugestanden, allerdings spielen dabei auch deontologische Momente, wie etwa die unbedingte Pflicht, Menschenwürde oder aber auch Gerechtigkeitsgesichtspunkte zu berücksichtigen, eine wichtige Rolle.

Tugendethische Ansätze Im Gegensatz zu deontologischen und konsequentialistischen Ansätzen, die einen „un-persönlichen", überindividuellen Standpunkt einnehmen, zielt die Tugendethik auf den einzelnen Menschen ab: Es geht ihr darum, dem Handelnden bei seiner Aufgabe, ein gutes Leben zu führen, Orientierung zu geben. Im Fokus steht nicht die Handlung, sondern die Frage, wie der Mensch sein muss, um ein gutes und glückliches Leben führen zu können. Der Zentralbegriff ist dabei die Tugend: Der Mensch trifft dann ethisch korrekte Entscheidungen, wenn er einen tugendhaften Charakter und die richtigen Haltungen aufweist. Maßstab für richtiges Handeln ist in der tugendethischen Sichtweise demnach das Ideal des tugendhaften Menschen. Dies Ideal hängt dabei von den jeweils vorherrschenden gesellschaftlichen Rahmenbedingungen ab.

2.3.3 Ethische Prinzipien

Die Ethiker Tom Beauchamp und James Childress haben in ihrem 1979 erstmals erschienenen Buch „*Principles of Biomedical Ethics*" (2001) mit einem kohärentistischen Ansatz einen Meilenstein in der Medizin- und Bioethik geschaffen. Ursprünglich für die Medizinethik entwickelt, wo er sich innerhalb kürzester Zeit auch als neuer Standard etablierte, hat der sogenannte *principlism* inzwischen auch in viele andere Bereiche der angewandten Ethik gewirkt. Beauchamp und Childress gehen von vier Prinzipien aus, die auf einer mittleren Abstraktionsebene angesiedelt sind. Sie sind also nicht so allgemein und abstrakt wie Theorien, aber auch nicht so konkret wie fallbezogene Intuitionen. Alle vier Prinzipien finden sich sowohl in der Alltagsmoral als auch in allen ethischen Theorien.

Alle (medizinischen) Handlungen und Tätigkeiten müssen, so ihre These, diesen vier Prinzipien genügen. Natürlich müssen diese Prinzipien für den jeweiligen Fall spezifiziert werden, d. h. es muss herausgefunden werden, was die Prinzipien konkret für einen Fall bedeuten.

Bei den vier ethischen Prinzipien handelt es sich um: Autonomie (*autonomy*), Nichtschaden (*nonmaleficence*), Wohltätigkeit (*beneficence*) und Gerechtigkeit (*justice*). Die beiden mittleren entsprechen dabei dem konsequentialistischen, das erste und das vierte dem deontologischen Theorieansatz. Ergänzen könnte man die vier Prinzipien um das Menschenwürdeprinzip, das insbesondere in der deutschen Debatte aufgrund der Verankerung im Grundgesetz eine maßgebliche Rolle spielt. Da es dem Autonomieprinzip nahe steht, wird es im vorliegenden Buch unter diesem behandelt. Darüber hinaus wird im Folgenden mit dem Begriff der Verantwortung ein weiterer, zentraler Begriff der Ethik diskutiert.

Autonomie Der Begriff der Autonomie kommt aus dem Griechischen. Er setzt sich aus „*autos*", d. h. Selbst, und „*nomos*", d. h. Gesetz, Führung, Regierung, Herrschaft, zusammen. Autonomie bedeutet demnach Selbstbestimmung, Selbstgesetzgebung und wurde ursprünglich auf Staaten angewendet.

Autonomie hat zwei Voraussetzungen:

1. Die Freiheit von äußeren Zwängen bzw. die Freiheit von kontrollierenden Zugriffen durch andere.
2. Die Fähigkeit, diese Freiheit zu nutzen. Dies erfordert wiederum:
   - die Fähigkeit zur (geplanten, überdachten) Handlung, d. h. Rationalität und die Freiheit von inneren Zwängen,
   - ausreichende Information, die überdachte Entscheidungen möglich macht,
   - die zur Freiheitsausübung nötigen Mittel (wie beispielsweise Nahrung).

Die Forderungen des Autonomieprinzips sind folgende:

- Den Respekt vor dem Recht jedes Einzelnen, Ansichten zu haben, Entscheidungen zu treffen und nach persönlichen Wertschätzungen und Überzeugungen zu handeln.
- Die Pflicht, Menschen bei Entscheidungen mit den für die Entscheidung nötigen Informationen und Mitteln auszustatten.
- Seine Grenze findet das Autonomieprinzip dort, wo die Autonomie und Freiheit der anderen betroffen ist.

Daraus folgt, dass Eingriffe, die die Freiheit und die Fähigkeit zur Selbstbestimmung einschränken und Zwang ausüben, grundsätzlich problematisch sind und im Einzelnen gut gerechtfertigt sein müssen. Andersherum ist alles, was Autonomie stärkt, die Freiheit vergrößert, grundsätzlich positiv.

Menschenwürde Vor allem in Deutschland hat sich in der ethischen Debatte aufgrund seiner prominenten Rolle im Grundgesetz parallel zum Autonomieprinzip das Prinzip der Menschenwürde etabliert.

Das Prinzip der Menschenwürde besagt, dass jeder einzelne Mensch – als Mensch, d. h. nur aufgrund seiner bloßen Existenz – einen unvergleichlich hohen Wert hat, der jeder Abwägung, jeder Nutzenkalkulation entzogen ist. Dieses Konzept geht auf Kant zurück: „Im Reiche der Zwecke hat alles entweder einen *Preis*, oder eine *Würde*. Was einen Preis hat, an dessen Stelle kann auch etwas anderes als *Äquivalent* gesetzt werden; was dagegen über allen Preis erhaben ist, mithin kein Äquivalent verstattet, das hat eine Würde." (Kant 1984, S. 87). Dem liegt der Gedanke zugrunde, dass der Mensch – aufgrund seiner Autonomie – ein Selbstzweck ist, d. h. dass er für sich selbst existiert und der Sinn seiner Existenz ist. Daher ist er auch ein Selbstwert und in sich selbst wertvoll.

Ähnlich wie das Autonomieprinzip fordert das Menschenwürdeprinzip Respekt vor der Autonomie und – was darin enthalten ist – ein Verbot der vollständigen Instrumentalisierung. Der Mensch darf nicht vollständig als Mittel, als Zweck für etwas anderes eingesetzt werden, denn dann würde er als Selbstwert geleugnet werden. Kant hat dies in einer anderen Version des kategorischen Imperativ ausgedrückt: „Handle so, daß du die Menschheit sowohl in deiner Person, als in der Person eines jeden andern jederzeit zugleich als (Selbst) Zweck, niemals bloß als Mittel brauchest." (Kant 1984, S. 79).

Anders als das Autonomieprinzip fordert das Menschenwürdeprinzip aber nicht nur den Respekt vor der Autonomie, sondern auch – zumindest gemäß einer starken, aber nicht unumstrittenen Interpretationslinie – den unbedingten Schutz des (per se wertvollen) menschlichen Lebens. Das Menschenwürdeprinzip würde von daher zwei Prinzipien umfassen: das Autonomieprinzip und das Lebensschutzprinzip. Diese doppelte Besetzung des Menschenwürdeprinzips führt dann zu Problemen, wenn es zu Konflikten zwischen Autonomie und Lebensschutz kommt. Denn dann können sich – was in der Regel auch geschieht – sowohl Befürworter als auch Gegner einer Praxis auf das Menschenwürdeprinzip berufen, was erhebliche Verwirrung zur Folge hat. In ethischen Studien wird daher – wie auch in der vorliegenden Studie – auf das Prinzip der Menschenwürde mit guten Gründen verzichtet.

Nichtschadensprinzip Das Nichtschadensprinzip verbietet es, grundlos bzw. ungerechtfertigt Schaden zu verursachen.

Wohltätigkeitsprinzip Das Wohltätigkeitsprinzip ist nicht im gleichen Ausmaß verpflichtend wie das Nichtschadensprinzip. Es fordert, in Abstufungen, folgendes:

- Schaden zu vermeiden,
- Schaden oder Böses zu beheben,
- Nutzen hervorzubringen bzw. das Gute zu fördern.

Was genau das Wohltätigkeitsprinzip fordert, hängt stark vom Kontext ab. Für einen Arzt etwa ist es verpflichtend, Schaden zu beheben und einen Nutzen hervorzubringen. Für Eltern ist es verpflichtend, sich für das Wohl ihrer Kinder einzusetzen.

Das Nichtschadensprinzip und das Wohltätigkeitsprinzip werden oft zum Prinzip des Wohlergehens zusammengefasst. Dies ist gerechtfertigt durch den Umstand, dass beide Prinzipien konsequentialistisch sind, d. h. auf den Nutzen bzw. den zu vermeidenden Schaden abzielen. Das vorliegende Buch wird diesem Vorgehen in seinem ethischen Diskussionsmodell folgen (vgl. Kap. 3.2).

Gerechtigkeit Von den vier Prinzipien ist Gerechtigkeit dasjenige, das mitunter am schwierigsten zu (er)klären ist. Dies hängt unter anderem damit zusammen, dass es verschiedene Formen der Gerechtigkeit gibt, die in unterschiedlichen Kontexten gelten und kaum auf einen Nenner gebracht werden können. Am ehesten kann als Kern aller Gerechtigkeitstypen die formale, d. h. inhaltsleere und daher relativ kraftlose Definition

von Gerechtigkeit des griechischen Philosophen Aristoteles (384 bis 322 v. Chr.) angesehen werden. Gemäß dieser ist Gerechtigkeit als „Gleichbehandlung des Gleichen und
Ungleichbehandlung des Ungleichen" zu verstehen (Aristoteles 1985, Buch V).

Eine wichtige unter den verschiedenen Formen der Gerechtigkeit ist die sogenannte
distributive Gerechtigkeit, die die Verteilung von Gütern, Nutzen und Lasten, z. B. im Gesundheitswesen oder aber in Bezug auf politische Rechte, Besteuerung, öffentliche Ressourcen, Eigentum, usw. betrifft. Sie ist auch für das Themenfeld „Energie aus Biomasse"
relevant.

Die distributive Gerechtigkeit kann ihrerseits wieder verschiedene Formen annehmen.
Güter können nämlich in verschiedenen Hinsichten gerecht verteilt werden. Welche der
Verteilungsmodalitäten nun zur Anwendung kommt, hängt vollständig vom Kontext ab.
Güter können verteilt werden

- nach dem Gleichheitsprinzip, nach dem jedem der gleiche Anteil zusteht, wie etwa im
  Bildungswesen,
- nach dem Bedürfnisprinzip, nach dem jedem seinen Bedürfnissen entsprechend Anteile zustehen, wie etwa im Gesundheitswesen,
- nach dem Leistungsprinzip, nach dem jedem – je nach Kontext – entweder seiner An-
  strengung bzw. seinem Aufwand entsprechend, seinem Verdienst entsprechend oder
  seinem Beitrag entsprechend Anteile zustehen,
- nach dem Marktprinzip, nach dem jedem gemäß dem Austausch im freien Markt Anteile zustehen, wie etwa in der freien Wirtschaft.

Alle Handlungen und Tätigkeiten müssen diesen vier grundlegenden Moralprinzipien genügen. Häufig kommt es dabei zu Konflikten zwischen Prinzipien, d. h. eine Handlung
kann in Bezug auf ein Prinzip gerechtfertigt, in Bezug auf ein anderes Prinzip aber als
unzulässig erscheinen. In diesen Fällen muss eine balancierte Güterabwägung vorgenom-
men werden, durch die klar werden muss, welchem Prinzip im Einzelfall der Vorrang zu
geben ist.

Abwägung Wie oben bereits erwähnt, haben Handlungen in der Regel sowohl positive
als auch negative Konsequenzen. In diesen Fällen kommt es zu Konflikten zwischen den
Moralprinzipien. Dies ist z. B. dann der Fall, wenn eine Handlung in Bezug auf ein Moral-
prinzip gerechtfertigt, im Lichte eines anderen Prinzips aber als unzulässig erscheint. So
kann es etwa der Fall sein, dass ein medizinischer Eingriff bei einer dementen Person aus
Gründen der Wohltätigkeit und der Schadensvermeidung als geboten, andererseits aus
Gründen der Autonomie aber gleichzeitig als moralisch problematisch erscheint. Ein klas-
sischer gesellschaftlicher Prinzipien- bzw. Wertkonflikt ist der zwischen Gerechtigkeit und
Freiheit. Es kann auch vorkommen, dass eine Handlung sich hinsichtlich nur eines Moralprinzips zugleich als moralisch zulässig und unzulässig erweist.

In all diesen Fällen muss der Konflikt durch eine Abwägung aufgelöst werden. Allerdings bringt die Abwägung das sogenannte „Äpfel-Birnen-Problem" mit sich, das darin
besteht, dass Prinzipien bzw. Werte, Konsequenzen usw. verglichen werden müssen, die

streng genommen unvergleichbar sind, da es keinen gemeinsamen Maßstab der Bewertung gibt. Wie soll ein Mehr an Freiheit mit einem Weniger an Sicherheit, ein Mehr an Gerechtigkeit mit einem Weniger an Freiheit verglichen werden? Wie soll das Tierleid bei der Herstellung von Kosmetika mit dem Mehr an Sicherheit verglichen werden, das der Kosmetikverbraucher davon hat?

Folglich gibt es keine einfachen Regeln, die klar vorgeben, wie eine ethische Abwägung vorzunehmen ist. Es gibt allerdings doch ein paar Grundsätze, die es einzuhalten gilt (Beauchamp und Childress 2001, S. 19 f.):

- Das Gut ist vorzuziehen, für das die besseren Gründe sprechen.
- Das bevorzugte Gut muss eine höhere Eintrittswahrscheinlichkeit haben.
- Es gibt keine Alternative zur Verwirklichung des Ziels, die mit weniger Kosten verbunden ist.
- Der Schaden hat die niedrigmöglichste Eintrittswahrscheinlichkeit.
- Die negativen Effekte der Benachteiligung eines Gutes müssen so gering wie möglich gehalten werden.
- Die Entscheidung der Abwägung muss unparteilich fallen.

Verantwortung Verantwortung ist ein Schlüsselbegriff einer jeden ethischen Diskussion. Nach der traditionellen, auf Aristoteles zurückgehenden Überzeugung kann Verantwortung nur freien Wesen zugeschrieben werden, d. h. von Verantwortung ist nur dann sinnvoll zu reden, wenn der Handelnde die Möglichkeit hat, auch anders handeln zu können.

Der Begriff ist von einer dreistelligen Relation geprägt: Jemand (das Verantwortungssubjekt) ist für etwas (für den Verantwortungsgegenstand) gegenüber jemandem (der Verantwortungsinstanz; hierbei kann es sich beispielsweise um einen Staat, einen Mitmenschen, das eigene Gewissen oder Gott handeln) verantwortlich (Zimmerli 1993, S. 23). Unterschieden wird des Weiteren zwischen prospektiver und retrospektiver Verantwortlichkeit. In der prospektiven Bedeutung bringt die Aussage „P ist verantwortlich für X" zum Ausdruck, dass P gewisse, auf X bezogene Verpflichtungen hat. X können hier Personen, Gegenstände oder Zustände sein, beispielsweise trägt der Bademeister Verantwortung für das Überleben der Badegäste oder die Köchin Verantwortung dafür, dass das Essen schmeckt. Diese Art der Verantwortung wird auch mit Aufgabenverantwortung oder Zuständigkeitsverantwortung beschrieben (Düwell et al. 2006, S. 542). Spricht man von Verantwortung in der retrospektiven Bedeutung, ist hingegen die Zurechnungs- oder Rechtfertigungsverantwortung gemeint, bei der X für Handlungen, Handlungsergebnisse oder Folgen von Handlungen steht. Retrospektive Verantwortung tritt beispielsweise in der Aussage zu Tage: Der Bademeister ist verantwortlich für den Tod eines Badegastes (Düwell et al. 2006, S. 542).

Die gebrachten Beispiele dienen aufgrund ihrer Klarheit als anschauliche Illustration; durch die Komplexität der Beziehungsgeflechte einer modernen, globalisierten Welt fallen derartig eindeutige Zuschreibungen von Verantwortlichkeit jedoch schwer. Gerade ökologische Schäden führen uns vor Augen, wie oftmals lokale, harmlos anmutende Hand-

lungen wie unser Konsumverhalten, unsere Urlaubsgewohnheiten oder unsere Mobilitäts-
vorlieben nicht-intendierte Konsequenzen auf globaler Ebene hervorrufen können: „Denn
wir wollen nicht die Tierarten ausrotten, wir wollen nicht den Ozongürtel zerstören, wir
wollen nicht das Klima ruinieren – und bewerkstelligen es doch." (Schäfer 1999, S. 55).

Ob der unklaren empirischen Kausalbeziehungen ist eine klare Antwort auf die Frage
nach der Verantwortung gerade bei ökologischen Schäden oftmals nur schwer möglich.
Dennoch oder gerade deswegen nimmt diese Frage in zahllosen Konflikten – und im Besonderen auch in der Debatte über Energie aus Biomasse – eine prominente Rolle ein und
wird auch in der vorliegenden Studie an verschiedenen Orten immer wieder zum Thema
werden: Inwieweit ist Energiegewinnung aus Biomasse beispielsweise in Deutschland für
etwaige negative Konsequenzen auf globaler Ebene mitverantwortlich?

Hierzu sollen einige grundlegende Gedanken vorausgeschickt werden: Es darf *common
sense* genannt werden, dass Handelnde für „intendierte Handlungsergebnisse stärker verantwortlich sind als für nicht-intendierte, aber vorausgesehene und ‚in Kauf genommene'
Handlungsfolgen; für vorausgesehene Handlungsfolgen stärker als für nicht-vorausgese-
hene, die aber voraussehbar gewesen wären." (Düwell et al. 2006, S. 546). Die Maximal-
position, nach der der Handelnde für alles verantwortlich zu machen ist, was er durch
seine Handlungen hätte beeinflussen können, wird von vielen als eine moralische Überforderung des Einzelnen abgelehnt. Vielmehr rufen die komplexen Handlungs- und Wirkungszusammenhänge einer modernen, globalisierten Gesellschaft nach entsprechenden
politischen Institutionen und Regelungen (Schäfer 1999, S. 90; Vogt 2009, S. 381; International Assessment of Agricultural Knowledge, Science and Technology for Development
2009, S. 114). Der Verweis auf die Bedeutsamkeit der politischen Ebene darf jedoch nicht
als schlichte Verlagerung der Verantwortung – weg von der Mikro- hin zur Makroebene
– missverstanden werden. Darüber hinaus stellt sich die Frage, inwieweit sie eine Überforderung der Politik und ihrer Möglichkeiten bedeutet (Vogt 2009, S. 379 ff.; Lübbe 1994,
S. 295).

Mit dem gerechtfertigten Verweis auf die Bedeutung der nationalen wie internationalen politischen Rahmenbedingungen ist die Frage nach der moralischen Verantwortung
des Einzelnen also noch keinesfalls abschließend beantwortet, vielmehr ist die Verant-
wortungszuschreibung stete Aufgabe eines gesellschaftlichen wie persönlich zu führenden
Aushandlungsprozesses.

2.3.4   Umweltethik

Eine für das Vorhaben der moralphilosophischen Diskussion über Energie aus Biomasse
relevante Teildisziplin der Ethik ist die sogenannte ökologische Ethik oder Umweltethik.
Sie beschäftigt sich mit der Frage, welches Verhalten des Menschen gegenüber der nichtmenschlichen Natur ethisch gerechtfertigt ist.

Die Diskussion, inwieweit die nichtmenschliche Umwelt aus ethischen Gründen schützenswert und zu berücksichtigen ist, kann mit Blick auf die Philosophiegeschichte als ein

relativ junges Themenfeld der Ethik bezeichnet werden: Erst als die Zerbrechlichkeit der Natur und der wachsende ökologische Problemdruck bewusst wurden, begann die Reflexion über die menschliche Verantwortung gegenüber seiner Umwelt.

Die Bemühungen um eine Begründung von normativen Orientierungen menschlichen Handelns gegenüber der Natur führten dabei zu einem ethischen Grundlagenstreit, der – wenn auch abgeschwächter als in früheren Jahrzehnten – noch immer im Gange ist.

Prinzipiell lassen sich umweltethische Ansätze in zwei Denkrichtungen unterteilen: Einerseits in die Berücksichtigung der nichtmenschlichen Natur aufgrund menschlicher Interessen an ihr (anthropozentrische Position; vom Griechischen „anthropos": Mensch), andererseits in die Berücksichtigung der nichtmenschlichen Natur um ihrer selbst willen (nicht-anthropozentrische Position): „Entweder hat die Natur keinen eigenen moralischen Wert und ist nur für den Menschen da […], oder sie hat einen eigenen moralischen Wert, und der Mensch muß auf sie Rücksicht um ihrer selbst willen nehmen […]" (Krebs 1997, S. 342).

Beiden Standpunkten ist gemein, dass der Mensch der einzige *moral agent*, d. h. das einzige zur Moral fähige Wesen und damit auch der einzige mögliche Normadressat ist. Während die Anthropozentrik das traditionelle Ethikkonzept, welches den Menschen als moralisches Subjekt wie Objekt in den Mittelpunkt setzt, als ausreichend ansieht, fordern nicht-anthropozentrische Positionen ein grundsätzliches Überdenken der Reichweite der moralischen Gemeinschaft. Im Folgenden sollen zentrale Argumente dieser beiden Positionen skizziert werden.

Anthropozentrische Umweltethiken Die anthropozentrische Position folgt der klassischen Moralphilosophie, nach der nur vernunftbegabte Wesen einen Eigenwert besitzen, der den Handelnden nötigt, eben diese Lebewesen um ihrer selbst willen moralisch zu berücksichtigen. Der Natur kann „bloß" ein Wert hinsichtlich ihres Nutzens für den Menschen zugesprochen werden. Ihr Schutz wird demnach nicht über einen eigenständigen, sondern über ihren instrumentellen Wert begründet: „Der Mensch hat ein eigenes Interesse an der Erhaltung der Natur. Er benötigt sauberes Wasser, eine intakte Ozonschicht, den Sauerstoff, den Pflanzen erzeugen und vieles mehr. Der Schutz der Natur ist deshalb immer auch Teil einer an menschlichen Interessen orientierten Ethik und Moral." (Pfordten 1996, S. 10). Der Nutzen, den der Mensch aus der Natur zieht, geht dabei über das Stillen von Grundbedürfnissen hinaus: Natur ist ebenso eine wesentliche Option für ästhetisches Genießen, eine Rückzugsmöglichkeit und Erholungsraum. Auch diese Interessen an einem Erhalt der Natur fließen in anthropozentrische Umweltethiken mit ein.

In dieser Konzeption hat der Mensch nur eine indirekte Verpflichtung gegenüber der nichtmenschlichen Umwelt. Konflikte, die sich aus dem Umgang mit der Natur ergeben, sind demnach als zwischenmenschliche Konflikte zu verstehen.

Über zwei Jahrtausende war diese nur mittelbare Bezugnahme auf die nichtmenschliche Natur der bestimmende Ansatz in umweltethischen Erwägungen. Der Philosoph Hans Jonas fasste diesen Befund mit seinem berühmten Diktum „Alle traditionelle Ethik ist anthropozentrisch" (Jonas 1984, S. 22) zusammen.

Indem der Anthropozentrismus nur der menschlichen Gattung einen Eigenwert zu-
erkennt und die Natur auf einen rein instrumentellen Wert beschränkt, muss er, so seine
Kritiker, als maßgeblicher Mitverursacher der ökologischen Krise erkannt werden. Denn
„solange der Mensch die Natur ausschließlich funktional auf seine Bedürfnisse hin" inter-
pretiert, wird er „sukzessive in der Zerstörung fortfahren" (Spaemann 1979, S. 491).

Jedoch sind auch anthropozentrische Positionen in der Lage, einen verantwortungsvollen Umgang mit der Natur argumentativ zu fundieren. Die zentralen anthropozentrischen
Beweisführungen können hierbei wie folgt zusammengefasst werden:

- Damit der gegenwärtig wie auch der zukünftig lebende Mensch seine Grundbedürfnisse (wie Nahrung, Obdach, Gesundheit, Luft, Trinkwasser usw.) in der und durch die
  Natur befriedigen kann, dürfen die natürlichen Ressourcen nicht ausgebeutet werden.
  Man spricht hier vom sogenannten *basic-needs*-Argument. Darüber hinaus ist Natur
  immer auch Ressource für Produkte, die zwar nicht zur Stillung von Grundbedürfnissen, aber als Grundlage eines gelingenden Lebens notwendig sind.
- Das *aisthesis*-Argument (griech. „*aisthesis*": sinnliche Wahrnehmung) betont die Natur
  als Ort und Möglichkeit der sinnlichen Wahrnehmung und als Quelle „angenehmer
  körperlicher und seelischer Empfindungen" (Krebs 1997, S. 368). Eine solche Naturerfahrung muss als eine „wesentliche Option guten menschlichen Lebens" (ebd.) bezeichnet werden, welche wir weder gegenwärtigen noch zukünftigen Generationen verweh-
  ren dürfen.
- Schließlich muss Natur auch als Objekt unserer Wissbegierde verstanden werden. Der
  Mensch als das Wesen, das seine Umwelt verstehen will, sie untersucht, sie beobachtet
  und über sie nachdenkt, verliert mit der zunehmenden Zerstörung der Natur auch eine
  Fülle an möglichen Informationen und Studienmaterial. Natur befriedigt hierbei nicht
  nur unser intellektuelles Interesse, ihre Prozesse dienen auch oftmals als Vorbild für
  technische Entwicklungen (Rescher 1997, S. 179; Schäfer 1999, S. 41 ff.).

Es zeigt sich, dass anthropozentrische Positionen, wenngleich sie der Natur keinen Eigenwert zugestehen, imstande sind, gute und einsichtige Gründe für einen Schutz der Umwelt
zu liefern. Die Forderung, die Natur zu schützen und zu bewahren, gründet dem anthropozentrischen Standpunkt folgend auf der plausiblen These, dass die Natur für den Menschen ein bedeutsames Gut darstellt und daher – nicht zuletzt mit Blick auf nachfolgende
Generationen – bewahrt werden muss. Die philosophischen Streitfragen dieser Position
(z. B. inwieweit wir eine Verantwortung gegenüber noch ungeborenen Menschen besitzen)
weisen damit in das Feld sozialethischer Überlegungen.

Nicht-anthropozentrische Umweltethiken Die (nicht unumstrittene) These der nicht-
anthropozentrischen Positionen lautet, dass nichtmenschliches Leben nicht nur als Mittel
für menschliche Interessen, sondern auch um seiner selbst willen Schutz verdient. Der
Mensch hat die Natur also auch jenseits seiner eigenen Interessenslage ethisch zu berücksichtigen. Die Engstirnigkeit des Anthropozentrismus, nur den Menschen als moralisches

Objekt anzuerkennen, gilt den nicht-anthropozentrischen Theorien dabei als Symptom und Wurzel der ökologischen Krise.

Drei prominente Konzepte einer nicht-anthropozentrischen Umweltethik sollen kurz skizziert werden:

Im Anschluss an die These Benthams, dass die relevante Frage hinsichtlich der moralischen Gemeinschaft nicht lautet, ob Wesen denken und sprechen, sondern ob sie leiden können (Bentham 1996), fordern Vertreter des **Pathozentrismus** (vom Griechischen „*pathos*": Leid) den Status eines *moral patient* für alle leidensfähigen Lebewesen ein. Von empirisch wahrnehmbaren Reaktionen auf Schmerz (wie Fluchtverhalten, Schreie, Zittern) und der Ähnlichkeit zwischen tierischem und menschlichem Nervensystem wird abgeleitet, dass höher entwickelte Tiere in der Lage sind, ähnlich wie der Mensch Erlebnisse wie Schmerz oder Wohlbefinden empfinden zu können. Wer leiden „kann", so die Argumentation, hat ein Interesse an einem guten (oder zumindest leidensfreien) Leben. Dieses Interesse muss in einer Interessensabwägung adäquate Berücksichtigung finden, so der Konsens pathozentrischer Theorien (Singer 1982; Wolf 1990). Eine klare Grenzziehung zwischen leidensfähigen und nicht-leidensfähigen Wesen mag dabei nicht gelingen und bleibt umstritten; in der Regel bezieht die pathozentrische Position zumindest „höhere" Tiere wie Säugetiere in die moralische Gemeinschaft mit ein.

Die **biozentrische Position** (vom Griechischen „*bios*": Leben) dehnt die Weite der moralischen Gemeinschaft auf alles Lebendige aus: Etwas ist schützenswert, weil und insofern es lebendig ist. In diesem Konzept werden also nicht nur (leidensfähige) Tiere, sondern alle Lebewesen, unabhängig von ihrer Organisationshöhe, in die moralische Gemeinschaft mit aufgenommen (Altner 1978; Taylor 1983). Prominenter Vordenker der Biozentrik ist Albert Schweitzer, der eine Ehrfurcht vor allem Leben forderte (Schweitzer 1974).

Die Ansätze einer **holistischen Umweltethik** (vom Griechischen „*holos*": ganz) nehmen schließlich den umfassendsten Standpunkt ein: Nicht nur alles (individuelle) Lebendige, sondern auch biologische Arten, Ökosysteme, Landschaften und die Biosphäre als Ganzes liegen im Bereich direkter menschlicher Verantwortung. Alles existiert auch um seiner selbst willen und ist damit zumindest potentiell ein moralisches Objekt (Meyer-Abich 1984; Gorke 1999). Die dualistische Gegenüberstellung von Mensch und Natur wird vom Holismus als ontologisch falsch zurückgewiesen, vielmehr muss sich der Mensch als Teil eines größeren Ganzen verstehen.

Während die anthropozentrischen Ansätze weitgehend konsensfähig sind, jedoch als Mitverursacher der ökologischen Krise kritisiert werden, sind die nicht-anthropozentrischen Positionen Orte heftiger philosophischer Auseinandersetzung: Es ist umstritten, inwieweit Kriterien wie „Lebendigsein" tatsächlich ausreichen, um moralische Berücksichtigung zu verlangen. Eine kritische Rückfrage lautet: Warum soll ich Lebendiges, das nicht um sich weiß, das keinen Schmerz empfindet, das keine bewussten Interessen hat, moralisch berücksichtigen? Des Weiteren widerspricht eine unterschiedslose Gleichheit zwischen menschlichem und nichtmenschlichem Leben nicht nur der moralischen Intuition, sie führt auch zu unlösbaren Problemen in der Praxis, wenn es gilt, zwischen menschlichen Interessen und Bedürfnissen der Umwelt abzuwägen. In der Regel wird bei der-

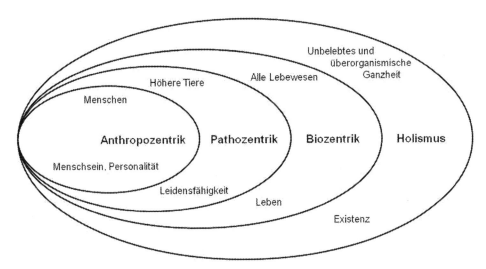

Abb. 2.5 Schematische Darstellung der Grundtypen umweltethischer Positionen. (entnommen aus: Gorke 2000)

artigen Konflikten menschlichem Leben ein Vorrang vor nichtmenschlichem zugebilligt – eine Tatsache, die auch die meisten nicht-anthropozentrischen Positionen durch weitere Differenzierungen in ihrem Konzept berücksichtigen.

Der ethische Grundlagenstreit über einen moralischen Eigenwert der nichtmenschlichen Natur soll hier nicht entschieden werden. Es kann jedoch zusammengefasst werden, dass sich sowohl anthropozentrische wie auch nicht-anthropozentrische Argumente für einen Schutz der Umwelt finden lassen.

Die Grundtypen umweltethischer Positionen, ihre Kriterien und ihre Bereiche direkter menschlicher Verantwortung können, wie in Abb. 2.5 dargestellt, visualisiert werden.

Das ethische Diskussionsmodell 3

Das ethische Diskussionsmodell des vorliegenden Buches soll für Konflikte des Themenfeldes „Energie aus Biomasse" sensibilisieren, sie strukturierend analysieren, die einflussreichen Intuitionen kritisch prüfen und auf diesem Wege zu einer Versachlichung der Diskussion beitragen. Das erarbeitete Schema soll dabei keine abschließende ethische Beurteilung einzelner Bioenergietechnologien leisten, sondern versteht sich vielmehr als Förderinstrument für eine eigenständige, fundierte Diskussion.

Mit dem Modell verbinden sich zwei Erwartungen: Zum einen die Hoffnung, dass es den Leser in seiner Urteilsbildung über das so komplexe Thema unterstützt. Zum anderen die Hoffnung, dass es das Vertrauen des Bürgers dahingehend wiederherstellen kann, dass die Debatte um Energie aus Biomasse sorgfältiger und ehrlicher geführt wird, als ihm dies zuweilen erscheinen mag.

Die Konzeption des Modells greift wesentlich auf die Ergebnisse eines Ethischen Delphis zurück (Dürnberger et al. 2009). Wie in der Einleitung dargelegt, wurde als Bezugsrahmen Energiegewinnung aus Biomasse in Deutschland und insbesondere Bayern gewählt.

Energiegewinnung aus Biomasse ist als landwirtschaftliche Praxis zuallererst hinsichtlich zweier Verantwortungsbereiche moralphilosophisch zu diskutieren: Hinsichtlich ihrer Auswirkungen auf die nichtmenschliche Umwelt wie auch hinsichtlich ihrer Konsequenzen für die Mitmenschen. Gerade in der Debatte um Energie aus Biomasse zeigt sich jedoch, dass neben diesen ethischen Erwägungen darüber hinaus kulturell-historische Wertvorstellungen und Anschauungen in der gesellschaftlichen Bewertung und Diskussion eine zentrale Rolle spielen.

Entsprechend wird das vorliegende ethische Diskussionsmodell drei Schritte aufweisen: In einem ersten Punkt wird der Energiepflanzenanbau und die Verwertung seiner Produkte umweltethisch diskutiert, in einem zweiten Punkt wird Energie aus Biomasse hinsichtlich seiner sozialethischen Bedeutung erörtert, bevor in einem dritten Schritt zentrale, die Debatte prägende kulturelle Wertvorstellungen identifiziert und auf ihren ethischen Gehalt geprüft werden sollen.

M. Zichy et al., *Energie aus Biomasse - ein ethisches Diskussionsmodell,* DOI 10.1007/978-3-658-05220-1_3, © Springer Fachmedien Wiesbaden 2014

Der Fokus liegt dabei auf der sozialethischen und kulturellen Ebene. Das Diskussionsmodell versteht sich damit als Ergänzung gängiger Nachhaltigkeitsmodelle und -rechner,
die ihren Schwerpunkt meist auf die umweltethische Dimension legen.

3.1 Schritt 1: Umweltethische Diskussion

Der Begriff „Umwelt" wird für die folgende Diskussion in nachstehende Teilbereiche un-
tergliedert:

- Boden
- Wasser
- Luft
- Klima
- Biodiversität
- (Energie-)Pflanze

Es wird zu klären sein, welche Faktoren der landwirtschaftlichen Praxis diese Teilbereiche
beeinflussen. Die Studie unterscheidet hierbei zwischen dem Anbau der Energiepflanzen
und ihrer Verwertung.

Die umweltethische Diskussion leistet dabei bewusst keine Beurteilung der landwirtschaftlichen Praxis via quantifizierbarer Operationalisierung. Für derartige Beurteilungen
kann auf gängige – und dabei stets auch kritisch diskutable – Nachhaltigkeitsmodelle zurückgegriffen werden. Vielmehr soll eine übersichtliche Zusammenführung der relevanten
Informationen aus dem ethischen wie aus dem agrarwissenschaftlichen Bereich geschaffen
werden (vgl. Kap. 4.1).

Das in diesem Zusammenhang oft erörterte Thema der Grünen Gentechnik bleibt im
Rahmen der umweltethischen Diskussion dabei bewusst unbehandelt – hierfür bedarf es
eigenständiger Forschungsarbeit.

3.2 Schritt 2: Sozialethische Diskussion

3.2.1 Ethische Matrix nach Mepham

Die angewandte Ethik hat pragmatische Methoden und Instrumente der ethischen Beurteilung und Diskussion – sogenannte „*ethical tools*" – entwickelt, die als Hilfestellung
für eine höhere Transparenz und eine strukturierte Urteilsfindung in Konfliktsituationen
dienen sollen. Indem sie eine nutzerfreundliche Sprache verwenden und versuchen, an
moralische Alltagsüberzeugungen anzuschließen, wenden sich diese Methoden dabei ausdrücklich gerade auch an ein Zielpublikum außerhalb philosophischer Fachkreise.

Tab. 3.1 Schema der *„Ethical Matrix"* nach Mepham et al. (2006)

Respekt vor Betroffene	Wohlergehen	Autonomie	Gerechtigkeit
n. n.	Interesse	Interesse	Interesse

Ein besonders im englischsprachigen Raum weit verbreitetes *„ethical tool"* ist die von dem Bioethiker Ben Mepham entwickelte *„Ethical Matrix"* (Mepham et al. 2006). Die Konzeption dieser Matrix berücksichtigt (1) von der zu diskutierenden Handlung Betroffene und (2) ein möglichst breites Spektrum an ethischen Erwägungen.

1. Um sicherzustellen, dass die Interessen und Perspektiven der betroffenen Gruppen und Individuen berücksichtigt werden, inkludiert die Ethische Matrix eine Bandbreite an zu identifizierenden relevanten Betroffenen. Um die Komplexität der Diskussion auf ein adäquates Maß zu bringen, darf ihre Anzahl jedoch zugleich nicht unüberschaubar werden.
2. Aufbauend auf dem *principlism* Beauchamps und Childress' (vgl. Kap. 2.3.3) weist die Matrix nach Mepham drei Prinzipien auf, welche ein möglichst breites Spektrum an ethischen Theorien abdecken und zugleich für die Alltagsmoralüberzeugungen anschlussfähig sind: Die Achtung des Wohlergehens, die Achtung der Autonomie und die Achtung der Gerechtigkeit (Mepham et al. 2006, S. 5).

Unter der Berücksichtigung dieser drei Prinzipien muss die zu diskutierende Handlung hinsichtlich ihrer negativen wie auch positiven Konsequenzen für die zuvor identifizierten Betroffenen evaluiert werden. Durch die Zusammenführung der identifizierten Betroffenen und der ethischen Prinzipien ergibt sich das Schema der Matrix (Tab. 3.1). In ihren Schnittstellen werden die aus einer moralphilosophischen Perspektive zu diskutierenden Interessen der Betroffenen eingetragen. Die Form einer Tabelle erlaubt dabei eine übersichtliche Visualisierung der Debatte, kann jedoch nicht die Lektüre des erläuternden Textes ersetzen.

Durch die Vergabe von Punkten können in einem weiteren Schritt die Folgen gewichtet und kenntlich gemacht werden. Dabei ist jedoch zu beachten, dass sich derart zugeteilte Punkte nicht notwendigerweise in der Gesamtbeurteilung ausgleichen, so kann eine Handlung in nahezu allen Diskussionspunkten positiv eingeschätzt werden und dennoch am Ende aus moralischen Gründen abzulehnen sein, weil ein zentrales Prinzip verletzt wird (Mepham et al. 2006, S. 13 f.).

Es ist festzuhalten, dass ethische Konflikte in der Regel durch konfligierende Güter und Prinzipien geprägt sind, d. h. die zu beurteilende Handlung wird je nach betroffener Gruppe positive und negative Auswirkungen mit sich bringen und im Lichte eines Moralprinzips gerechtfertigt sein, in Bezug auf ein anderes Prinzip als unzulässig gelten.

In solch einem Fall ist der Konflikt durch eine Güterabwägung aufzulösen: Die zu erwartenden Schäden werden dem zu erwartenden Nutzen gegenübergestellt und – mit

Hinblick auf die Prinzipien – abgewogen. Das Grundproblem einer jeden solchen Güterabwägung ist es, dass Prinzipien, Werte und Konsequenzen einer Handlung nur schwer
miteinander verglichen werden können. Dementsprechend gibt es keinen einfachen Leitfaden für eine gelungene Güterabwägung. Es gibt allerdings Grundsätze, an denen es sich
zu orientieren gilt (vgl. Kap. 2.3.3).

Im letzten Prozessschritt der Urteilsfindung kann auf Basis der Abwägung entschieden
werden, ob die diskutierte Handlung moralisch zulässig ist oder nicht.

Von der Verwendung einer solchen Matrix und der Diskussion ihrer Ergebnisse und
offenen Fragen können laut Mepham et al. (2006) dabei ein oder mehrere der folgenden
Ergebnisse erwartet werden. Die Matrix

- fördert das Bewusstmachen der Breite des Spektrums an ethischen Fragen,
- fördert die ethische Reflexion,
- stellt eine gemeinsame Grundlage für eine Entscheidungsfindung bereit,
- identifiziert Aspekte der Übereinstimmung zwischen Personen, deren Gesamtbeurteilung differiert,
- klärt die Grundlagen von Meinungsverschiedenheiten und
- verdeutlicht die Begründungen ethischer Entscheidungen.

3.2.2   Ethische Matrix für Energie aus Biomasse

Die Erarbeitung einer Ethischen Matrix für die Diskussion über Energie aus Biomasse
bedarf einer Adaption. Dabei stellt sich zuerst die Frage nach jenen Gruppen oder Individuen, die durch die landwirtschaftliche Praxis (in diesem Fall: der Anbau und die Verwertung von Biomasse zur energetischen Nutzung) direkt oder indirekt betroffen sind und
deren Interessen eine Berücksichtigung in den ethischen Erwägungen zu finden haben.
Für ihre Identifizierung wurde sowohl auf eine intensive Literaturrecherche als auch auf
die Resultate eines mit Experten besetzten Ethischen Delphis (Dürnberger et al. 2009) zurückgegriffen.

Die von der Studie identifizierten Betroffenen hinsichtlich einer sozialethischen Diskussion sind:

- Landwirte
- Verwerter
- Energiekonsumenten
- Regionale Nahrungsmittelkonsumenten
- Internationale Nahrungsmittelkonsumenten
- Menschen der Region
- Steuerzahler
- Mitmenschen (international)
- Zukünftige Generationen
- Sonstige (die je nach konkreter Situation zusätzlich Betroffenen)

Entsprechend der Tatsache, dass eine Person verschiedene gesellschaftliche Rollen ein-
nimmt, verstehen sich die Gruppen dabei nicht als exklusiv. So ist beispielsweise der
Landwirt selbstverständlich auch Energiekonsument, Steuerzahler usw. Die aus einer moralischen Perspektive relevanten Interessen der Betroffenen werden im sozialethischen
Kap. 4.2 eine kritische Diskussion erfahren.

3.3   Schritt 3: Kulturelle Diskussion

Gerade in Debatten über Landwirtschaft ist kulturellen Wertvorstellungen und Intuitionen
eine zentrale Rolle zuzusprechen. Ethik als Fähigkeit, die eigenen moralischen Intuitionen
kritisch zu hinterfragen (vgl. Huppenbauer und De Bernardi 2003, S. 10) kann hierbei
eine wichtige Funktion für eine höhere Transparenz des Konfliktes erfüllen. Die vorliegende Studie identifiziert hierfür einflussreiche kulturell-historische Ideen und unterzieht sie
einer kritischen Prüfung (vgl. Kap. 4.3).

Energie aus Biomasse – eine ethische Analyse

4

4.1 Umweltethische Dimension

Vorweg ist festzuhalten, dass jede gegenwärtig realisierte Art der anthropogenen Energieversorgung ihren ökologischen Preis aufweist: „Umweltfreundlich ist keine, nur Art und Grad der Umweltbelastung sind unterschiedlich." (Lexikon der Bioethik Band 2 1998, S. 591). Die „klassischen" fossilen Energieträger wie Erdöl, Erdgas oder Kohle kamen dabei in den letzten Jahren und Jahrzehnten mehr und mehr in die Kritik: Missbilligt wurde beispielsweise nicht nur die Belastung der Atmosphäre durch Kohlendioxid, sondern auch massive Umweltschäden bei der Förderung dieser Energiequellen (z. B. die Ölpest im Golf von Mexiko im Sommer 2010). Angesichts des Reaktorunglücks von Fukushima im März 2011 traten auch die Risiken der Kernenergie erneut ins Bewusstsein breiter Gesellschaftsschichten.

Die Suche nach „neuen" Energietechnologien – wie die technischen Innovationen im Bereich der Energie aus Biomasse in jüngster Vergangenheit – ist aus dieser Perspektive also nicht zuletzt als eine gesellschaftlich vorangetriebene Suche nach umweltfreundlicheren und sichereren Energieoptionen zu verstehen.

Um im Weiteren die Intensität der Umweltbelastung von Bioenergietechnologien und damit eine verantwortungsvolle Praxis gegenüber nichtmenschlicher Umwelt zu diskutieren, ist es unerlässlich, den schwer fassbaren Begriff der „Umwelt" oder „Natur" in einem ersten Schritt zu operationalisieren.

Im Rückgriff auf das bereits genannte Ethische Delphi (Dürnberger et al. 2009) und auf bestehende Nachhaltigkeitsmodelle identifiziert das vorliegende Buch sechs für den Anbau und die Verarbeitung von Energiepflanzen zu diskutierende Teilbereiche:

- Boden
- Wasser
- Luft

M. Zichy et al., *Energie aus Biomasse - ein ethisches Diskussionsmodell,*
DOI 10.1007/978-3-658-05220-1_4, © Springer Fachmedien Wiesbaden 2014

- Klima
- Biodiversität
- (Energie-)Pflanze

Unter diese Teilbereiche lassen sich die zentralen umweltethischen Themen des Energiepflanzenanbaus und ihrer Verwertung (beispielsweise die Debatte um einseitige Fruchtfolgen oder über eine Intensivierung der Landwirtschaft) subsumieren.

Die Studie leistet hierbei jedoch bewusst keine Bewertung von landwirtschaftlichen Bewirtschaftungsmethoden und ihrer Auswirkung auf die nichtmenschliche Umwelt. Für eine Beurteilung via quantifizierbarer Indikatoren und Kriterien stehen eine Vielzahl an Nachhaltigkeitsmodellen und Betriebsbewertungssystemen für nachhaltige Landwirtschaft zur Verfügung, wie z. B. „KSNL" (Kriterien-System Nachhaltige Landwirtschaft), „RISE" (Response-Inducing Sustainability Evaluation) oder „DLG-Zertifizierungssystem für nachhaltige Landwirtschaft" (KTBL 2009). Nährstoff- und Humusbilanzen zum Nachweis von Cross-Compliance-Anforderungen werden zum Beispiel mit Rechnern der landwirtschaftlichen Beratung des jeweiligen Bundeslandes berechnet. Im Juli 2010 wurden zwei Zertifizierungssysteme, ISCC (International Sustanability and Carbon Certification der ISCC System GmbH) und REDcert (Renewable-Energy Directive Certification der Gesellschaft zur Zertifizierung nachhaltig erzeugter Biomasse), zur Umsetzung der Biomasse-Nachhaltigkeitsverordnungen (BioSt-NachV und Biokraft-NachV) von der Bundesanstalt für Landwirtschaft und Ernährung (BLE) zugelassen.

Indem die vorliegende Studie die von der landwirtschaftlichen Praxis betroffenen Umweltbereiche hinsichtlich ihres Status innerhalb anthropozentrischer wie nicht-anthropozentrischer Positionen diskutiert, setzt sie an einem Punkt an, der in gängigen Nachhaltigkeitsmodellen implizit immer schon vorausgesetzt, selten aber explizit reflektiert wird. Dieser grundlegende Zugang fördert nicht nur die prinzipielle Sensibilisierung für ethische Fragestellungen, sondern auch die Fähigkeit zur eigenständigen moralphilosophischen Reflexion.

Eine zentrale Frage soll dabei nicht vergessen werden, nämlich jene nach der Verantwortungsreichweite des Landwirts. In der medialen Berichterstattung über Energie aus Biomasse wird oftmals der Landwirt als allein moralisch verantwortlich in den Fokus gerückt, jedoch ist diese Zuschreibung kritisch zu reflektieren. Die Frage nach der Verantwortung wird für alle Umweltbereiche gemeinsam unter Kap. 4.1.3 behandelt.

4.1.1   Umweltbereiche

Boden, Wasser und Luft   Die Bedeutung von (fruchtbaren) Böden, (reinem) Wasser und (sauberer) Luft für menschliches, aber auch nichtmenschliches Leben ist offensichtlich: Kulturböden dienen beispielsweise für die Nahrungs- und Futtermittelproduktion sowie der Rohstofferzeugung für energetische oder stoffliche Verwendungszwecke. Wie sehr ausreichend und qualitativ hochwertiges Wasser für ein menschenwürdiges Dasein notwendig ist, lässt sich nicht zuletzt mit Blick auf die dramatische Gesundheitslage in manchen Regionen der Welt erkennen.

Diese drei Güter sind sowohl für den Menschen wie auch für Flora und Fauna überlebensnotwendig. Schwere Schäden an ihnen machen ein gutes, gelingendes Leben für den Menschen kaum vorstellbar. Sie gehören damit – unabhängig davon, ob man anthropozentrisch oder nicht-anthropozentrisch argumentiert – ohne Zweifel zu den schutzwürdigsten Gütern der Menschheit. Aus moralphilosophischer Perspektive ist demnach festzuhalten, dass unter Berücksichtigung der Interessen von gegenwärtig und zukünftig lebenden Menschen wie auch von nichtmenschlichem Leben ein Schutz dieser drei Bereiche ethisch unbedingt geboten ist. Hierbei haben für jede landwirtschaftliche Praxis, für den Nahrungsmittel- wie auch für den Energiepflanzenanbau, dieselben Kriterien zu gelten.

Klima Dem Klima kommt in der gegenwärtigen Debatte um Energietechnologien eine bedeutsame Rolle zu. Die Bereitstellung und Nutzung von Energie gilt als eine der Hauptursachen für den anthropogenen Klimawandel. Regenerative Energieträger gelten hinsichtlich der Einsparung klimarelevanter CO_2-Emissionen dabei in der Regel als klimafreundlicher als fossile: Zwar wird auch bei der Verbrennung von Energieträgern aus Biomasse CO_2 freigesetzt, dieses hatten jedoch die Pflanzen während des Wachstums der Atmosphäre entzogen, so dass ein weitgehend geschlossener CO_2-Kreislauf vorliegt. Zu berücksichtigen ist jedoch auch die für die Produktion und Konversion der Biomasse aufgewendete Energie.

Aus ethischer Perspektive muss dabei zuallererst zwischen dem anthropogen verursachten Klimawandel und der natürlichen Variabilität des Klimas unterschieden werden: Trotz der jüngsten Diskussionen und Konflikte kann als allgemein anerkannte Kernaussage der Klimaforschung genannt werden, dass das Klima von menschlichen Aktivitäten (vor allem seit der Epoche der Industrialisierung) beeinflusst wird.

Dementsprechend ist die Debatte über den anthropogenen Klimawandel streng von Debatten über sonstige Naturkatastrophen, wie z. B. Erdbeben, zu unterscheiden: „Der Klimawandel ist im Wesentlichen durch Menschen verursacht (anthropogen). Damit ist er ethisch betrachtet nicht eine Frage des Schicksals, sondern der Gerechtigkeit." (Vogt 2009, S. 36).

Die Ungerechtigkeit des Klimawandels kann in drei Dimensionen unterteilt werden. 1) Erstens wird als ungerecht empfunden, dass jene, die am meisten durch ihren Lebensstil zum Klimawandel beitragen (plakativ zusammengefasst: die Menschen in den Industrieländern), weniger unter den Auswirkungen zu leiden haben als Menschen in den ärmeren Regionen. Diese Ungleichheit zwischen Verursachern und Leidtragenden wird unter dem Schlagwort der internationalen Gerechtigkeit thematisiert. 2) Wenn in der Gegenwart der Schutz des Klimas hinter anderen Interessen zurückgestellt wird, sind es vor allem nachfolgende Generationen, die mit den Konsequenzen veränderter klimatischer Bedingungen umzugehen haben. Im ethischen Diskurs wird hierbei in der zweiten Dimension von der Frage nach der intergenerationellen Gerechtigkeit, also der Gerechtigkeit zwischen den Generationen, gesprochen. 3) Schließlich kann als dritte Dimension der Ungerechtigkeit jene zwischen Mensch und Umwelt zum Thema gemacht werden: Der anthropogen verursachte Klimawandel bedroht nicht nur das menschliche Leben, sondern auch Fauna und Flora. Auch hier ist eine Ungleichheit zwischen Verursachern und Leidtragenden zu identifizieren.

Die Konsequenzen des Klimawandels sind demnach sowohl für gegenwärtig wie zukünftig lebende Menschen als auch für Flora und Fauna spürbar. Bereits vorhandene Folgen umfassen beispielsweise das Tauen der Permafrostgebiete, das Abschmelzen der Gebirgsgletscher, das Steigen der Meeresspiegel, die Überflutung dicht besiedelter Küstengebiete, Überschwemmungen, die Verlagerung wichtiger Anbauzonen, die Umverteilung der Niederschlags- und Trockenzonen der Erde sowie der landwirtschaftlich nutzbaren Flächen, verstärkte Küstenerosionen, mehr extreme Wetterereignisse usw. (Heinrich und Hergt 2002, S. 259; Intergovernmental Panel on Climate Change 2013). Das Konfliktpotential, welches diesen Konsequenzen des Klimawandels innewohnt, ist dabei allenfalls zu erahnen.

Wie schon bei der Diskussion über die Güter Boden, Wasser und Luft, so ist auch hier aus moralphilosophischer Perspektive der Schluss zu ziehen, dass unter Berücksichtigung der Interessen von gegenwärtig und zukünftig lebenden Menschen wie auch von nichtmenschlichem Leben Klimaschutz ethisch geboten ist.

Biodiversität Der Begriff der Biodiversität (aus dem Lateinischen *„bios“*: das Leben; *„diversitas“*: Verschiedenheit) fand in Reaktion auf die ökologische Krise – die vor allem ab der zweiten Hälfte des 20. Jahrhunderts und spätestens ab dem Bericht des Clubs of Rome *„The Limits to Growth“* (Meadows et al. 1972) aus dem Jahr 1972 thematisiert wurde – seinen Weg in den öffentlichen Diskurs. Als empirische Daten von einem teilweise dramatischen Rückgang der Verschiedenartigkeit in der Natur sprachen, setzte eine Reflexion über die biologische Vielfalt ein: „Das Wort ‚biodiversity‘ ist von namhaften Biologen und Ökologen gewissermaßen erfunden worden, um den globalen Verlust von biotischer Vielfalt einer breiteren Öffentlichkeit zum Bewusstsein zu bringen.“ (Ott 2002, S. 12). Der Begriff ist damit seit seiner Einführung immer schon präskriptiv durchwirkt, d. h.: Spricht man von biologischer Vielfalt, schwingt in der Regel die Überzeugung mit, dass diese Vielfalt ein schützenswertes Gut ist.

Veränderungen in der Natur hinsichtlich ihrer Vielfalt fanden immer statt – auch bereits lange bevor der Mensch die Erde besiedelte. Gegenwärtig jedoch ist ein Verlust der Artenvielfalt zu diagnostizieren, der erstens schneller vor sich geht als frühere ähnliche Prozesse in der Geschichte des Lebens und der zweitens auf menschliche Aktivitäten zurückzuführen ist (Convention on Biological Diversity 2000).

Analog zur Debatte um den Klimawandel ist mit dem Verlust der biologischen Vielfalt also nicht die natürliche Reduzierung der Arten und die Verringerung von genetischer Information gemeint, wie sie immer schon Merkmal eines jeden evolutionären Prozesses waren. Vielmehr steht der Verlust der Biodiversität durch die massiven Eingriffe des Menschen in seine Umwelt zur Debatte.

Aus umweltethischer Sicht stehen für eine Begründung des Schutzes der Reichhaltigkeit der Natur anthropozentrische und nicht-anthropozentrische Denkpfade offen: Die nicht-anthropozentrische Position begründet (je nach Weite ihrer moralischen Gemeinschaft) die Bewahrung der natürlichen Fülle mit dem Eigenwert der Natur. Eine anthropozentrische Umweltethik erkennt hingegen im instrumentellen Wert der Biodiversität für den Menschen das Gebot ihres Schutzes: Eine höhere Biodiversität bedeutet nicht nur ein sichereres Überleben, die Vielfalt der Natur muss darüber hinaus als Quelle ästhetischer und sinnlicher Naturerfahrung verstanden werden (vgl. Kap. 2.3.4).

Aus ethischer Perspektive ist der Schutz der Biodiversität – nicht zuletzt unter besonderer Rücksichtnahme auf die Sicherstellung grundlegender Bedürfnisse zukünftiger Generationen – demnach geboten. Wie auch bei den Gütern Boden, Wasser und Luft haben hierbei für jede landwirtschaftliche Praxis – für den Nahrungsmittel- wie auch für den Energiepflanzenanbau – dieselben Kriterien zu gelten.

(Energie-)Pflanze Nutzpflanzen werden in der umweltethischen Diskussion nicht berücksichtigt. Obwohl sie quasi im Mittelpunkt der landwirtschaftlichen Praxis stehen, findet die Frage ihres ethischen Wertes in den gängigen Nachhaltigkeitsmodellen wie auch im gesellschaftlichen Diskurs zumeist keine Thematisierung. Die Erhaltung verschiedener Arten wird als Gut wahrgenommen und unter dem Schlagwort der Biodiversität berücksichtigt. Dass die konkrete Pflanze, die im Anbau verwendet wird, eine Rolle in den umweltethischen Reflexionen spielen könnte, wird jedoch meist nicht einmal in Erwägung gezogen.

An dieser Stelle bricht die oben ausgeführte Zweiteilung zwischen anthropozentrischer und nicht-anthropozentrischer Position nochmals in aller Deutlichkeit auf: Während eine anthropozentrische Umweltethik der individuellen Pflanze keinen Wert beimisst, lehnt eine radikale Spielart einer nicht-anthropozentrischen Position die Instrumentalisierung eines Lebewesens (sprich der Pflanze) für menschliche Bedürfnisse (in diesem Fall: für die Energiegewinnung) aus ethischen Gründen ab. Unabhängig davon, dass die philosophische Begründung dieser Position als heikel bezeichnet werden muss, widerspricht sie auch unserer Intuition, nach der menschliches Leben stets höher gewichtet wird als nichtmenschliches. Darüber hinaus führt sie – wie weiter oben diskutiert – zu unlösbaren Konflikten in der alltäglichen Praxis (vgl. Kap. 2.3.4).

Dennoch handelt es sich bei der Debatte um den moralischen Status der Pflanze nicht nur um eine theoretische Streitfrage der akademischen Ethik. In der Schweiz wird beispielsweise seit Jahren auch auf politischer Ebene darüber diskutiert, inwieweit der Mensch eine moralische Verantwortung gegenüber Pflanzen besitzt. In einer Volksabstimmung im Jahr 1992 hat die Mehrheit der schweizerischen Bevölkerung einem Verfassungsartikel zugestimmt, nach dem der „Würde der Kreatur" – und damit auch der Würde der Pflanze – Rechnung zu tragen ist (für einen Überblick über die damalige Diskussion vgl. Balzer et al. 1999).

Hat diese Regelung – abgesehen von einer grundsätzlichen Sensibilisierung für die menschliche Verantwortung gegenüber der nichtmenschlichen Natur – irgendwelche Folgen? Zur Konkretisierung dieses Gesetzes und zur Klärung der Frage, welche praktischen Konsequenzen die Würde der Kreatur für den Umgang mit nichtmenschlicher Natur mit sich bringt, wurde eine Kommission, bestehend aus Philosophen, Ethikern, Biologen und Medizinern, eingesetzt. Der Bericht dieser „Eidgenössischen Ethikkommission für die Biotechnologie im Außerhumanbereich" kam einstimmig zum Schluss, dass der Mensch mit Pflanzen nicht völlig beliebig umgehen darf. Willkürliche Schädigung von Pflanzen sei moralisch zu verurteilen. Als Beispiel einer sinnlosen Würdeverletzung ist etwa das Köpfen von Blumen am Wegrand zu nennen (Eidgenössische Ethikkommission für die Biotechnologie im Ausserhumanbereich 2008).

Der Minimalkonsens verurteilt also die willkürliche Schädigung einer Pflanze. Die Instrumentalisierung von Pflanzen, beispielsweise zur Nahrungs- oder aber auch Energieproduktion, ist selbst aus Sicht der Schweizer Verfassung, die explizit eine Würde der Kreatur nennt, hingegen aus ethischer Perspektive gerechtfertigt.

Inwieweit der Begriff der „Würde" auf Pflanzen angewandt werden soll, ist darüber hinaus grundsätzlich kritisch zu diskutieren: Biologisch wie auch mit Blick auf die Frage, ob eine solche Verwendungsweise den Würdebegriff nicht aufweicht (vgl. Kummer 2013).

Für eine ethische Bewertung der Verwendung von Pflanzen lässt sich festhalten: Nach gegenwärtigem Kenntnisstand und übereinstimmend mit dem *common sense* der gegenwärtigen Positionen lässt sich kein ethisch gebotener Schutz der (individuellen) Pflanze vor einer Instrumentalisierung durch den Menschen zum Zwecke der Nahrungsmittel-, Rohstoff- oder Energiegewinnung begründen. Obwohl eine prinzipielle Sensibilisierung über die Reichweite der moralischen Gemeinschaft zu begrüßen ist, wird die Energiepflanze in der umweltethischen Diskussion der vorliegenden Studie dementsprechend keine weitere Berücksichtigung finden.

Fazit Wie in Kap. 2.3.4 geschildert, lassen sich die umweltethischen Begründungen zwischen zwei Polen verorten: den anthropozentrischen Positionen, welche die Natur als wertvolles Gut für den Menschen und daher als schützenswert erkennen, und den nicht-anthropozentrischen Positionen, die eine Berücksichtigung der nichtmenschlichen Natur um ihrer selbst willen fordern. Beide ethischen Positionen sind imstande, einen verantwortungsvollen Umgang mit den identifizierten Teilbereichen zu begründen. So lässt sich beispielsweise ein ethisch fundiertes Gebot des Bodenschutzes sowohl durch anthropozentrische Argumente (der Boden als ein wichtiges Gut für ein gutes Leben gegenwärtig wie zukünftig lebender Menschen) wie auch durch nicht-anthropozentrische Argumente (der Boden als ein wichtiges Gut für nicht-menschliches Leben) bekräftigen.

Das ethisch fundierte Gebot des Schutzes der genannten relevanten Teilbereiche leitet sich dabei aus ihrem Status bzw. ihrem Wert für menschliches Leben ab und hat damit unabhängig vom Zweck der landwirtschaftlichen Praxis zu gelten. Es ist aus umweltethischer Sicht unerheblich, ob der Landwirt seine Felder für den Anbau von Nahrungsmitteln oder für den Anbau von Energiepflanzen verwendet. In beiden Fällen haben dieselben Kriterien des Umweltschutzes zu gelten.

Einzig und allein der Teilbereich „(Energie-)Pflanze" bildet hierbei, wie gezeigt wurde, eine Ausnahme. Dieser Umweltteilbereich wird in der folgenden Diskussion demnach keine Berücksichtigung mehr finden.

Die Frage, ob der Natur ein intrinsischer Wert oder „bloß" ein instrumenteller Wert zugesprochen wird, ist für eine ethische Reflexion des (Energie-)Pflanzenanbaus zwar nicht unerheblich, tritt aber in der Praxis hinter der Dringlichkeit eines verantwortungsvollen Umgangs mit der Natur zurück. Die ethischen Begründungen sind der persönlichen Reflexion des Akteurs bzw. jedes interessierten Lesers überlassen. Unabhängig von den jeweiligen Begründungswegen gilt jedoch, dass eine jede landwirtschaftlichen Praxis den fünf identifizierten Umweltbereichen gegenüber ethisch verantwortlich zu handeln hat.

4.1.2 Einflussfaktoren und Auswirkungen der landwirtschaftlichen Praxis

Nach den umweltethischen Erörterungen stellt sich die Frage, welche Rolle den Teilbereichen hinsichtlich der landwirtschaftlichen Arbeit zukommt.

Die Umwelt ist ein großes Wirkungsgefüge aus den Bereichen Boden, Wasser, Luft, Klima sowie Flora und Fauna bzw. deren vielfältiger Zusammensetzung, der sogenannten Biodiversität. Der **Boden** liefert den Pflanzen Halt, indem die Wurzeln ihn durchdringen können. Zusätzlich nehmen Pflanzen Nährstoffe, Wasser und Luft aus dem Bodenreservoir für ihr Wachstum auf. Der Boden bietet neben der Flora auch der Fauna einen Lebensraum, die sich wiederum von lebender oder abgestorbener Biomasse ernährt. Außerdem ist das Bodenleben wichtig für Um-, Ab- und Aufbauprozesse wie Mineralisation, Nährstoffverfügbarkeit sowie Gefügebildung. Für diese Bodenfunktionen ist Biomasse als „Futter" und zur Humusbildung nötig, was bei landwirtschaftlicher Nutzung vor allem durch die Fruchtfolge beeinflusst werden kann.

Wasser und **Luft** sind wichtige Einflussfaktoren aller lebensnotwendigen Stoffwechselprozesse und sollten, wie der Boden, vor schädlichen Einträgen geschützt werden. Das **Klima** ist entscheidend für die Lebensbedingungen von Menschen und Tieren, für die Vegetation und die Bodenbildungsprozesse, die es durch Sonneneinstrahlung, dadurch bedingte Temperaturen und Niederschlag beeinflusst. Letzterer sorgt für das Auffüllen von Wasserreservoiren wie Oberflächengewässer, Boden- und Grundwasser. Wind und Niederschlag verursachen aber auch Erosion und können somit zur Minderung der Bodenfruchtbarkeit führen. Die in verschiedenen Klimazonen etablierte natürliche Vegetation und Oberflächenbeschaffenheit (Berge, Senken etc.) beeinflussen wiederum die sich in den verschiedenen Habitaten ansiedelnde Fauna. Vor allem stellt die sich abzeichnende Änderung des Klimas die Menschheit vor hohe Herausforderungen.

Die **Biodiversität**, rein auf den landwirtschaftlichen Bereich bezogen auch als Agrarbiodiversität bezeichnet, wird durch natürliche Prozesse oder menschliche Einflüsse verändert. Zum Beispiel wird seit der Nutzung chemischer Unkrautbekämpfung oder der Konzentration auf ein engeres Kulturartenspektrum die Biodiversität geringer.

Nahezu jedes menschliche Handeln hat Mindestauswirkungen auf das oben beschriebene Wirkungsgefüge. So führt jegliche Baumaßnahme wie z. B. Straßen-, Haus- oder

Siedlungsbau zur Versiegelung von Flächen, für die je nach Gesetzeslage Ausgleichsflächen geschaffen werden müssen, die dann wiederum der landwirtschaftlichen Produktion fehlen (siehe Tab. 4.2). Auch landwirtschaftliche Praxis – welche per Definition einen menschlichen Eingriff in die Natur darstellt – wirkt sich selbstverständlich auf die unterschiedlichen Umweltbereiche aus, beispielsweise durch Bodenbearbeitung, Düngung, Pflanzenschutz, Gestaltung der Fruchtfolgen oder auch eventuelle Landnutzungsänderungen (Tab. 4.1).

Als Beispiel für die Zusammenhänge zwischen landwirtschaftlicher Arbeit und Auswirkungen auf die Umwelt kann ein Blick auf die Rolle der Landwirtschaft in der Klima-Debatte dienen: Neben natürlichen physischen, chemischen und biologischen Abbau- und Umbauprozessen im Boden, z. B. von Kohlenstoffverbindungen, aus denen unter anderem CO_2 entsteht und in die Atmosphäre eintritt, werden beim Ausbringen von organischen Düngern, Düngerabbau im Boden und Verbrennen von Biomasse sowie von Kraftstoffen während des Maschineneinsatzes Emissionen (Gase und Partikel) produziert, die in die Luft entweichen. Bei einer energetischen Verwertung von Biomasse wird zwar von einem weitgehend geschlossenen CO_2-Kreislauf ausgegangen, jedoch müssten auch Maschinen- und Düngerherstellung sowie Emissionen durch direkte und indirekte Landnutzungsänderungen in die Emissionsbilanzen mit einbezogen werden. Werden fossile Kraftstoffe in der Produktionstechnik von Biomasse, Dünger und Maschinen eingesetzt, fossile Energien zur Konversion genutzt sowie alle Emissionen vor und nach dem eigentlichen Biomasseanbau mit einbezogen, können unter Umständen negative Treibhausgasbilanzen entstehen.

Hinsichtlich eines umweltethischen Umgangs obliegt dem Landwirt in Deutschland die Einhaltung des deutschen Fachrechts, welches die eben genannten Faktoren reguliert, um negative Auswirkungen zu vermeiden und die landwirtschaftliche Produktion nachhaltig zu gestalten. Beispielsweise ist darin die Pflanzenschutzmittel- oder die Düngemittelverordnung enthalten. Darüber hinaus muss der Landwirt an Direktzahlungen (Betriebsprämie) gekoppelte Vorgaben der Cross Compliance (CC) einhalten, sofern er diese beziehen will. Zusätzlich stehen auf Bundeslandebene Förderprogramme, wie das bayerische Kulturlandschaftsprogramm KULAP, zur Erhöhung des Naturschutzes zur Wahl.

Auch wenn die Gesetze und Verordnungen in Deutschland bereits viele Bereiche regeln und der Landwirt eine große Menge an Vorgaben erfüllt, gibt es in jedem Bereich Möglichkeiten, die Natur und die Umwelt über die gesetzlichen Anforderungen hinaus zu schützen. Dieses zusätzliche Optimierungspotential hat jeder einzelne Landwirt zu verantworten.

Im Folgenden fassen zwei Tabellen – die erste Tabelle für den Prozess des Anbaus, die zweite für den Prozess der Verwertung – die relevanten Informationen zu den umweltethisch zu berücksichtigenden Teilbereichen in einer Übersicht zusammen: Welches sind die zentralen Einflussfaktoren der landwirtschaftlichen Arbeit auf Boden, Wasser, Luft, Klima und Biodiversität? Welche Einflussmöglichkeiten stehen dem Landwirt zur Verfügung, wenn er seine Praxis umweltethisch verbessern möchte?

Tab. 4.1 Überblick über wichtige Umweltbereiche, Einflussfaktoren und deren Einflussmöglichkeiten bezüglich des Biomasse-Anbaus (ohne Anspruch auf Vollständigkeit)

Umweltbereiche	Wichtige Einflussfaktoren	Einflussmöglichkeiten
Boden	Bodenbearbeitung	Fahrintensität, Art der Bodenbearbeitung
	Düngung	Humusbilanz, Nährstoffsaldo, Art, Menge und Verteilung des Düngers
	Pflanzenschutz	Pflanzenschutz-Intensität, Art des Pflanzenschutzes
	Fruchtfolgesysteme und Anbautechnik	Bodenbedeckung, Kulturvielfalt (Humusbilanz, Pflanzenschutzreduktion)
	Erosion	Erosionsschutzmaßnahmen
	Verdichtung	Bodenschonende Bereifung, Fahrintensität verringern
Wasser	Bodenart	Standortgerechte Auswahl der Kulturen
	Witterung	Standortgerechte Auswahl der Kulturen
	Bodenbearbeitung	Schonende Bodenbearbeitung
	Düngemittel	Düngerintensität, Düngerart
	Pflanzenschutzmittel	Minimierung Pflanzenschutzmitteleinsatz
	Bewässerung	Art und Menge der Bewässerung
	Entzug durch Pflanze (Transpiration)	Pflanzenwahl
	Verdunstung (Evaporation)	Bodenbedeckung
Luft	Geruch	Emissions-Minimierung, Art der Düngung und Ausbringung
	Staub	Emissions-Minimierung, Fahrintensität
	Kraftstoffe	Fahrintensität, Art des Kraftstoffs, Abgasverhalten der Traktoren/Maschinen
	Dünger	Art der Düngung und Ausbringung, Düngerintensität
	Pflanzenschutzmittel	Art der Pflanzenschutzmittel, Pflanzenschutzintensität
	Bodenprozesse	Gesamte pflanzenbauliche Aktivitäten
Klima	Treibhausgasemissionen	Mineraldünger- und Pflanzenschutzmittelproduktion
		Fahrintensität, Art des Kraftstoffs
		Nutzung von Rest- und Koppelprodukten, Effizienzsteigerung
		Landnutzungsänderung
		Maschinenproduktion
Biodiversität	Landschaftsstruktur	Förderung Naturschutz und Biodiversität (Strukturelemente, Lerchenfenster etc.)
	Landnutzungsänderung	Verzicht, Vermeidung
	Einsatz Pflanzenschutzmittel	Art der Pflanzenschutzmittel und deren Ausbringung, Pflanzenschutzmittelintensität
	Fruchtfolgen	Erhöhung der Zahl der Fruchtfolgeglieder

Tab. 4.2 Überblick über wichtige Umweltbereiche, Einflussfaktoren und Einflussmöglichkeiten bezüglich der Biomasse-Verwertung bzw. Konversion z. B. Ölmühle, Biogasanlage etc. (ohne Anspruch auf Vollständigkeit)

Umweltbereiche	Wichtige Einflussfaktoren	Einflussmöglichkeiten
Boden	Flächenversiegelung/Landnutzungsänderung im Einzugsgebiet	Verzicht, Schaffung von Ausgleichsflächen
	Nutzungspfadspezifischer Anfall von Reststoffen unterschiedlicher Düngewirkung	Humuszufuhr z. B. über organisches Material aus anderen Betrieben, Rückführung von Reststoffen proportional zur Entnahme
Wasser	Brauchwassermenge	Minimierung Wassermenge, Wiederverwertung
	Abwassermenge	Minimierung Wassermenge, Aufbereitung
	Lagerung und Einsatz von wassergefährdenden Stoffen	Vermeidung solcher Stoffe
Luft	Gasförmige Emissionen	Vermeidung bzw. Minimierung z. B. über zusätzlichen Filtereinsatz, technikabhängig, Transportwege und Maschinenlaufzeiten minimieren
	Partikelförmige Emissionen	
	Geruch	Vermeidung bzw. Minimierung, abhängig von eingesetzter Technik bzw. Anlagenbau
Klima	Treibhausgase	Maschinenproduktion optimieren
		Nutzung erneuerbarer Energien bei Konversion
		Rest- und Koppelprodukte nutzen, um Treibhausgase einzusparen
	Staub	Transportwege verkürzen, Filter nutzen
	Kraftstoffe	Maschinenlaufzeiten minimieren, Maschineneffizienz erhöhen
Biodiversität	Flächenversiegelung/Landnutzungsänderung im Einzugsgebiet	Ausgleichsflächen schaffen, siehe Verordnungen/Gesetzeslage
	Kulturartenspektrum im Einzugsgebiet	Erhöhung der Zahl der Fruchtfolgeglieder

4.1.3   Die Frage der Verantwortung

Eine umweltethische Diskussion landwirtschaftlicher Praxis stellt unausweichlich die Frage nach der Verantwortungsreichweite der Akteure. Ethisch relevante Fragen im Prozess des Anbaus fallen eindeutig in die moralische Verantwortung des Landwirts. Seine Handlungen sind es in diesem Zusammenhang, die sich auf Boden, Wasser, Luft, Klima und Biodiversität auswirken. Im Rahmen des Prozesses der Verwertung der geernteten Pflanze ist er – sofern er die Verarbeitung nicht selbst durchführt – nur noch bedingt für die Folgen verantwortlich zu machen, jedoch hat er den Prozess in seinen vorhersehbaren Folgen zu reflektieren und in seine Planung mit einzubeziehen. Sollte er um schwerwiegende Schäden durch den Prozess der Verwertung wissen und diese in Kauf nehmen, ist er – abhängig von den Möglichkeiten einer Alternative – für diese mitverantwortlich zu nennen.

Eine Streitfrage hinsichtlich der Verantwortung des Landwirts entsteht mit Blick auf die internationale Ebene: Während der Landwirt eindeutig für Schäden auf seinem Grund und Boden moralisch verantwortlich ist, ist über den Grad seiner Zuständigkeit für nicht-intendierte Auswirkungen seines Handelns beispielsweise in Entwicklungsländern schwer zu entscheiden. So kann der Landwirt aktiv Maßnahmen zum nachhaltigen Anbau von Biomasse auf seinen Agrarflächen umsetzen, während seine Bewirtschaftungsumstellung von Nahrungsmittel- auf Biomasseproduktion für die energetische Verwertung unter Umständen zu höheren Importen von Agrarrohstoffen, Nahrungs- und Futtermitteln aus Entwicklungsländern führen könnte. Diese notwendig werdenden Importe könnten positive Folgen in Form von höheren Einkommen für Kleinbauern bedeuten. Andererseits könnten sie nicht nur die Nahrungssicherheit in diesen Ländern gefährden, sondern gegebenenfalls auch zu massiven Umweltschäden durch die landwirtschaftliche Praxis vor Ort führen. In diesem Fall würde der Landwirt aktiv und umweltethisch reflektiert Naturschutz betreiben und gleichzeitig Teil einer komplexen internationalen, maßgeblich ökonomisch bestimmten Dynamik sein, die Umweltschäden in anderen Regionen der Erde mit sich bringt. Derartige Dynamiken sind gerade für ökologische Probleme oftmals kennzeichnend: „Ökologische Probleme sprengen Grenzen, denn sie haben die für die meisten Probleme charakteristische lokale Eingrenzbarkeit verloren, es sind globale Probleme." (Schäfer 1999, S. 77).

Die ethische Problematik des Energiepflanzenanbaus liegt in der Regel nicht auf der Ebene der Einzelentscheidungen, sondern ergibt sich nicht zuletzt aus dem Umfang der Nutzung, sprich aus der Summe der Einzelentscheidungen. Diese zu kanalisieren ist wesentliche Aufgabe der Politik. Die Verantwortung für derartige nicht-intendierte Auswirkungen auf globaler Ebene lässt sich also nicht primär dem einzelnen landwirtschaftlichen Akteur zuschreiben, vielmehr handelt es sich um den Verantwortungsbereich der nationalen wie vor allem der internationalen Politik (Vogt 2002, S. 6). Wenngleich die Ebene der globalen Zusammenhänge und Wechselwirkungen nicht außer Acht gelassen werden darf und auch der einzelne Landwirt dazu angehalten ist, sie in seine Reflexion mit einzubeziehen, würde eine primäre Verantwortungsverortung dieser Konflikte in der Mikroebene eine moralische Überforderung bedeuten.

In diesem Zusammenhang ist es darüber hinaus von Bedeutung, nicht nur die möglichen nicht-intendierten negativen Konsequenzen landwirtschaftlicher Praxis für Entwicklungsländer zu thematisieren, sondern die Lebensführung in den Industrieländern prinzipiell kritisch zu diskutieren: Es sind nicht nur lokale Entscheidungen in der Landwirtschaft, die gegebenenfalls zu schädlichen Auswirkungen in ärmeren Regionen führen, sondern auch beispielsweise der verschwenderische Umgang mit Lebensmitteln, der stetige Wunsch nach immer niedrigeren Preisen, der Individualverkehr oder der hohe Energieverbrauch in den Ländern des Westens.

Auch wenn die zentrale Verantwortung auf der Makroebene liegt, ist der Landwirt – so wie jeder andere Bürger (z. B. als Konsument) – dazu aufgefordert, seine Handlungen, Entscheidungen und seine Lebensführung hinsichtlich möglicher Schäden auf globaler Ebene (gerade für Menschen in Entwicklungsländern) zu reflektieren.

4.2   Sozialethische Dimension

Eine jede landwirtschaftliche Praxis ist nicht nur in umweltethischer Hinsicht, sondern auch unter sozialethischen Gesichtspunkten, sprich hinsichtlich ihrer Auswirkungen auf die Mitmenschen zu diskutieren. Um zu den sozialethisch relevanten Aspekten zu gelangen, müssen in einem ersten Schritt die von der landwirtschaftlichen Praxis direkt oder indirekt Betroffenen identifiziert werden. Ihre Interessen sind es, die gegebenenfalls in der ethischen Evaluation Berücksichtigung zu finden haben.

Für den Fall des Anbaus und der Veredelung von Biomasse zur energetischen Nutzung (mit Fokus auf Bayern) lässt sich eine Reihe an Betroffenen anführen. Folgende Gruppen werden von der vorliegenden Studie für eine klärende Diskussion ihrer Interessen vorgeschlagen:

- Landwirte
- Verwerter
- Energiekonsumenten
- Regionale Nahrungsmittelkonsumenten
- Internationale Nahrungsmittelkonsumenten
- Menschen der Region
- Steuerzahler
- Mitmenschen (international)
- Zukünftige Generationen
- Sonstige (die je nach konkreter Situation zusätzlich Betroffenen)

Über diese Genannten hinaus gibt es ohne Zweifel noch mehr durch den Anbau von Biomasse zu energetischen Zwecken Betroffene. So werden z. B. Energieproduzenten vom Anbau von Biomasse als Abnehmer entweder profitieren oder aber – als Nutzer anderer Energieträger – in Konkurrenz dazu geraten. Ähnliches gilt für Futtermittelproduzenten. Diese Betroffenen sind zum Teil in anderen Gruppen enthalten bzw. sind ihre Interessen als nicht weiter ethisch relevant einzustufen. Daher werden sie nicht eigenständig thematisiert.

Mittels der sowohl in ethischen Theorien als auch in der Alltagsmoral verankerten Prinzipien des Respekts vor dem Wohlergehen, des Respekts vor der Selbstbestimmung bzw. Autonomie und des Respekts vor der Gerechtigkeit (vgl. Kap. 2.3.3) ist es gefordert, die relevanten Interessen dieser Betroffenen zu benennen und zu diskutieren.

Für die ethische Beurteilung ist dabei grundsätzlich festzuhalten, dass eine Handlung (also hier: der Anbau von Biomasse zur energetischen Nutzung), die die Wahrung von gerechtfertigten Interessen ermöglicht bzw. sogar erleichtert, positiv zu bewerten ist, während jede Handlung, die die Wahrung von gerechtfertigten Interessen einschränkt bzw. sogar verunmöglicht, negativ zu bewerten ist. Hierbei ist stets zu reflektieren, wer für die Berücksichtigung welcher Aspekte verantwortlich ist.

4.2.1 Betroffene

Landwirte Die ersten und unmittelbaren Betroffenen sind die Landwirte. Bei ihnen lassen sich vier ethisch relevante, moralisch gerechtfertigte Interessen feststellen:

1. Der Landwirt hat das Interesse, durch sein Handeln das ökonomische Auskommen seiner selbst und seiner Angehörigen bzw. der von ihm Abhängigen zu sichern oder es sogar zu verbessern. Die Möglichkeit, Biomasse für die energetische Nutzung anzubauen, kann zur Diversifizierung seines wirtschaftlichen Angebots führen. Gerade in strukturschwachen ländlichen Räumen könnten sich durch den Bioenergiesektor hierbei neue Möglichkeiten ergeben, Einkommen, Arbeitsplätze und Wohlstand zu sichern bzw. zu schaffen (Funk 2009, S. 107). Sollten darüber hinaus aufgrund der Flächenkonkurrenz die Preise für den Anbau von Nahrungs- und Futtermittel steigen, könnten vom Anbau von Biomasse auch diejenigen Landwirte profitieren, die selbst nicht Biomasse zu Energiezwecken anbauen. Durch eine Erhöhung der Pachtpreise für landwirtschaftliche Flächen kann sich die Flächenkonkurrenz allerdings auch negativ für alle auf zugepachtete Flächen angewiesene Landwirte auswirken. Dies birgt – besonders in Gebieten mit viel Viehhaltung – ein hohes Konfliktpotential der Landwirte untereinander.
   Im Hinblick auf das Prinzip des Wohlergehens ist dieses Interesse an der Sicherung bzw. Verbesserung des ökonomischen Auskommens grundsätzlich moralisch legitimiert. Allerdings ist zu berücksichtigen, dass der Landwirt deswegen noch kein moralisches Recht darauf hat, sein ökonomisches Auskommen durch den Anbau von Biomasse für die Energiegewinnung zu sichern. Ihm stehen ja auch andere Arten der Bewirtschaftung offen. Sein Interesse an einem ökonomischen Auskommen ist demnach ein berechtigtes Anliegen, welches moralisch jedoch nicht besonders schwer ins Gewicht fällt – es sei denn, es ist in existenzbedrohender Weise betroffen.
   Aufgrund der Tatsache, dass der Landwirt durch staatliche Subventionen und politische Ordnungsmaßnahmen gefördert wird, die seinen Handlungs- und Entscheidungsraum massiv beeinflussen, beinhaltet das moralisch gerechtfertigte Interesse am ökonomischen Auskommen auch eine Aufforderung an die Politik zu einer kohärenten agrarpolitischen Strategie, die dem Landwirt Planungssicherheit ermöglicht.
2. Auch das Interesse des Landwirts an guten Arbeitsbedingungen ist hinsichtlich des Prinzips des Wohlergehens gerechtfertigt. Durch die gesetzlichen Regelungen ist in Deutschland diesbezüglich ein Mindeststandard gesichert. Zwar könnten sich durch

die Art der Bewirtschaftung Verbesserungen oder Verschlechterungen bezüglich der Arbeitsbedingungen ergeben (z. B. Arbeitsaufwand, Nachtarbeit, Wochenendarbeit, Gesundheitsgefährdung usw.), Entscheidungen darüber liegen jedoch in der alleinigen Verantwortung des Landwirts selbst: Er muss darüber entscheiden, inwieweit er etwaige Unterschiede der Arbeitsbedingungen bei der Wahl seiner Bewirtschaftungsform berücksichtigt.

3. Des Weiteren hat der Landwirt das im Hinblick auf das Prinzip der Autonomie gerechtfertigte Interesse, zwischen mehreren Möglichkeiten der landwirtschaftlichen Praxis frei, nach eigenem Interesse (und auf eigenes Risiko) entscheiden zu können. Mehr Einkommensoptionen bedeuten eine größere, als positiv zu beurteilende Wahlfreiheit. Diese Wahlfreiheit ist von den politischen Rahmenbedingungen prinzipiell zu ermöglichen und zu schützen.

4. Schließlich hat der Landwirt das hinsichtlich des Prinzips der Gerechtigkeit berechtigte Interesse, unter den gleichen wirtschaftlichen und politischen Rahmenbedingungen konkurrenzfähig produzieren und wirtschaften zu können wie regionale, nationale und internationale Mitbewerber. Dies zu berücksichtigen ist Aufgabe der Politik.

Verwerter Ebenfalls unmittelbar von der Produktion von Biomasse betroffen sind die Verwerter der Biomasse, die die von den Landwirten zur Verfügung gestellten Rohstoffe in Energie bzw. hocheffiziente Energieträger umwandeln. Unter dieser Gruppe lassen sich verschiedene Wirtschaftszweige und Strukturen subsumieren, so kann beispielsweise der Landwirt (als Erzeuger der Biomasse) durchaus auch die Rolle des Verwerters einnehmen.

Betroffen sind die Verwerter in erster Linie in ihrem Interesse an wirtschaftlichem Auskommen, das von der Verfügbarkeit von günstigen Rohstoffen in guter Qualität und ausreichender Menge abhängt. Für stoffliche Verwerter der Biomasse bedeutet die energetische Verwertung hingegen zusätzliche Konkurrenz. Die Interessen beider Verwertungspfade sind dabei ökonomischer Natur und nur bedingt ethisch relevant.

Moralphilosophisch bedeutsam wird das Interesse an ökonomischem Auskommen jedoch mit Blick auf politische Zielvorgaben und Versprechungen: Da die noch relativ jungen Bereitstellungs- und Verwertungsbetriebe/Industriezweige im Bereich von Energie aus Biomasse nur eingeschränkt ökonomisch konkurrenzfähig sind, werden sie, wie die gesamte Branche der erneuerbaren Energien in fast allen Ländern, durch staatliche Subventionen besonders gefördert (International Assessment of Agricultural Knowledge, Science and Technology for Development 2009, S. 107). (In diesem Zusammenhang darf nicht unerwähnt bleiben, dass auch fossile Energieträger und andere erneuerbare Energien oftmals durch politische Ordnungsmaßnahmen staatlich gefördert werden.)

Hierbei hat sich gerade in Deutschland die Bedeutung einer kohärenten politischen Strategie gezeigt: Das Wohlergehen der Verwerter hängt in hohem Grad davon ab, ob die Politik die versprochenen Subventionen bzw. die ordnungspolitischen Vorgaben über die angekündigte Zeitspanne beibehält. Ein Bruch dieser politischen Versprechen trifft die auf eine Technologie (z. B. Kraftstoffherstellung) festgelegten Verwerter in ihrer Existenz.

Auch die Verwerter weisen ein Interesse an guten Arbeitsbedingungen auf. Hierbei gelten dieselben Ausführungen wie in Bezug auf den Landwirt.

Energiekonsumenten Von einer landwirtschaftlichen Produktion von Energie sind natürlich auch die Energiekonsumenten betroffen. Energiekonsumenten haben das unter dem Aspekt des Wohlergehens berechtigte Interesse an einer qualitativ hochwertigen, sicheren und erschwinglichen Energieversorgung.

Um dieses Interesse adäquat zu gewichten, ist die Bedeutsamkeit von Energie zu unterstreichen: Energietechnologien sind als eine der hervorragenden Leistungen der Spezies Mensch anzusehen. Die Verfügbarkeit von Energie ist gerade in modernen Gesellschaftsformen eine Grundvoraussetzung für ein gutes Leben: Als Menschen in einem modernen Industrieland sind wir auf sichere, leicht verfügbare und preiswerte Energiedienstleistungen angewiesen. Ohne sie erscheint uns ein gelingendes Leben kaum mehr möglich. Entsprechend ist es eine elementare Aufgabe des Staates und seiner Energiepolitik, den Zugang zu modernen Energiedienstleistungen für die Gesamtheit der Bevölkerung sicherzustellen (WBGU 1999, S. 33).

Energie aus Biomasse ist potentiell unendlich verfügbar und stellt damit eine Entgegnung auf die Knappheit endlicher Ressourcen wie Erdöl, Kohle oder Erdgas dar. Der Anbau von Nachwachsenden Rohstoffen zur energetischen Verwendung erfüllt aus Sicht der Energiekonsumenten damit einen zentralen gesellschaftlichen Auftrag: Die Sicherstellung der Energieversorgung durch Diversifikation der Energiesysteme.

Unter den Aspekt der Autonomie fällt zum einen das Interesse der Energiekonsumenten, zwischen unterschiedlichen Energiequellen (z. B. Atomstrom, Ökostrom usw.) wählen zu können. Die Gewinnung von Energie aus Biomasse kommt diesem Interesse entgegen, weil sie die Wahlfreiheit vergrößert. Zum anderen fällt darunter das Interesse, durch eine Ausweitung der eingesetzten Energietechnologien die Abhängigkeit von einzelnen Energieträgern und –lieferanten zu verringern, d. h. die Souveränität der Energieversorgung zu erhöhen.

Durch den Anbau von Biomasse zur energetischen Verwendung wird also das ethisch legitimierte und bedeutsame Interesse der Energiekonsumenten an einer qualitativ hochwertigen, sicheren und bezahlbaren Energieversorgung prinzipiell positiv berührt.

Regionale Nahrungsmittelkonsumenten Eine in der Debatte um Bioenergie heftig und emotional diskutierte Streitfrage ist jene nach den Auswirkungen des Energiepflanzenanbaus auf die Nahrungssicherheit. Die Studie unterscheidet hierbei zwischen regionalen und internationalen Nahrungsmittelkonsumenten.

Regionale Nahrungsmittelkonsumenten haben ein Interesse an sicherer, hochwertiger und erschwinglicher Nahrung. Dieses Interesse ist ethisch nicht nur im Hinblick auf das Prinzip des Wohlergehens relevant, sondern auch hinsichtlich des Prinzips der Autonomie: Die Fähigkeit, die Freiheit zu nutzen, erfordert die Erfüllung der körperlichen Grundbedürfnisse.

Regionale Nahrungsmittelkonsumenten könnten durch den Anbau von Biomasse in ihrem Interesse an sicherer, hochwertiger und erschwinglicher Nahrungsversorgung betroffen sein. Dies wäre dann der Fall, wenn durch den Biomasseanbau zu energetischen Zwecken zu wenig Flächen für den Nahrungsmittelanbau zur Verfügung stehen, die Nahrungsmittelpreise in Folge der Flächenkonkurrenz steigen würden und damit die lokale Nahrungssicherheit gefährdet wäre.

Da Nahrungsmittel immer auch zu einem Großteil global gehandelt werden (beispielsweise ist der bayerische Nahrungsmittelmarkt stark durch den nationalen und globalen Nahrungsmittelhandel geprägt), scheint nach gegenwärtigem Stand eine Hungersnot in Deutschland selbst bei steigendem Flächenbedarf für die Bioenergieproduktion keine akute Bedrohung zu sein. Auch ist z. B. Bayern für den Fall einer lokalen Krise zu bescheinigen, sich – zumindest auf einem bestimmten Niveau – selbst versorgen zu können.

Auch wenn das Eintreten einer regionalen Hungersnot unwahrscheinlich scheint, muss eine solche Krise stets als grundsätzlich mögliches Szenario erkannt werden. In diesem Sinne sind aus Sicht der regionalen Nahrungsmittelkonsumenten drei Fragen an Bioenergietechnologien zu stellen: 1) Tritt das Herstellungsverfahren in eine potentielle Konkurrenz zur Nahrungsmittelproduktion? Herstellungsprozesse, die nicht potentiell in Konkurrenz zur Nahrungsmittelproduktion treten, sind hierbei aus Sicht der regionalen Nahrungsmittelkonsumenten vorzuziehen. Zu nennen sind hier beispielsweise die energetische Verwertung von landwirtschaftlichen Nebenprodukten wie Grünschnitt von Hecken, Straßenbegleitgrün und Ähnlichem. Des Weiteren kann die Teilumstellung auf Produktion von Bioenergie das Wohlergehen des Landwirts sichern, so dass dieser auf dem anderen Teil weiterhin Nahrungsmittel anbauen könnte. Dieses würde die Zahl der Nahrungsmittelproduzenten gleich halten, was sich positiv auf das Nahrungsangebot auswirken könnte. 2) Kann die Kultur gegebenenfalls auch der Nahrungsmittelversorgung dienen? Solche Pflanzen sind vorzuziehen, die sowohl als Nahrungsmittel oder Futtermittel als auch als Energierohstoff genutzt werden können. Je nach Notwendigkeit kann dann der eine oder der andere Verwertungspfad eingeschlagen werden. 3) Fallen während des Arbeitsprozesses Koppelprodukte an, die als Futter- oder Düngemittel indirekt wieder in die Nahrungsmittelkette einfließen?[1] Derartige Herstellungsverfahren würden indirekt der Nahrungssicherheit dienen.

Prinzipiell zeigt sich in der Diskussion einer möglichen Bedrohung der Nahrungssicherheit durch Energie aus Biomasse ein Befund, der auch für die nachfolgende Diskussion der Interessen internationaler Nahrungsmittelkonsumenten gilt: Das Konfliktpotential des Energiepflanzenanbaus liegt in der Regel nicht auf der Ebene der Einzelentscheidungen, sondern ergibt sich nicht zuletzt aus dem Umfang der Nutzung, sprich aus der Summe der Einzelentscheidungen. Diese zu kanalisieren ist – wie bereits dargelegt – wesentliche

---

[1] Hierbei sind die gesetzlichen Rahmenbedingungen für die Verwendung von Rohstoffen und Reststoffen zur Energiegewinnung und der anschließenden tierischen oder pflanzenbaulichen Verwertung anfallender Nebenprodukte (wie z. B. eiweißhaltige Futtermittel, organische Dünger) zu beachten.

Aufgabe der Politik, ohne dass dabei die Frage nach der persönlichen Verantwortung verschwindet.

Internationale Nahrungsmittelkonsumenten Die Diskussion über die Auswirkungen von Bioenergietechnologien auf die Nahrungssicherheit auf internationaler Ebene ist Terrain heftiger Kontroversen. Das aus ethischer Perspektive zu berücksichtigende Interesse der internationalen Nahrungsmittelkonsumenten ist deckungsgleich mit jenem heimischer Nahrungsmittelkonsumenten: Sie haben ein Interesse an sicherer, hochwertiger und erschwinglicher Nahrung. Dieses Interesse ist ethisch nicht nur im Hinblick auf das Prinzip des Wohlergehens und der Autonomie relevant, sondern seiner Berücksichtigung kommt auch im Lichte des Prinzips der Gerechtigkeit, aus dem die Forderung nach internationaler Gerechtigkeit erwächst, hohe Bedeutung zu.

Die öffentliche Debatte um Bioenergietechnologien streift demnach die Diskussion über Ursachen und Bekämpfungsstrategien des Welthungers. Laut aktueller Zahlen der *Food and Agriculture Organization* sind gegenwärtig 842 Millionen Menschen vom Hunger betroffen, wobei in den vergangenen Jahren sowohl die absolute Zahl als auch der relative Anteil hungernder Menschen bei gleichzeitig gestiegener Bevölkerungszahl abgenommen hat. Es ist hierbei weitgehender *common sense*, dass die Ursachen des Welthungers nicht monokausal in einer Nahrungsmittelknappheit zu suchen sind, sondern dass vielschichtige Verflechtungen von sozialen, politischen, ökonomischen und klimatischen Faktoren zum gegenwärtigen Missstand beitragen (Food and Agriculture Organization of the United Nations 2013).

Kritiker argumentieren, dass auch die Energiegewinnung aus Biomasse in Deutschland einen Beitrag zur Verschärfung des Problems des Welthungers leistet: Der Anbau von Energiepflanzen benötigt Ackerflächen und steht somit in direkter Flächenkonkurrenz zur Nahrungsmittelproduktion. Der Weltagrarbericht 2009 schreibt hierbei besonders Pflanzentreibstoffen der ersten Generation ein Risikopotential hinsichtlich der globalen Nahrungssicherheit zu, da diese große Mengen an Nutzpflanzen beanspruchen (International Assessment of Agricultural Knowledge, Science and Technology for Development 2009, S. 113). Des Weiteren verweisen Kritiker auf den Zusammenhang zwischen dem Bioenergieboom in den Industrieländern und den global steigenden Lebensmittelpreisen (Mitchell 2008). Festzuhalten ist hierbei allerdings, dass auch andere Wirkzusammenhänge beobachtet wurden. Laut einer aktuelleren Veröffentlichung der Weltbank (Baffes und Haniotis 2010) hat die Produktion von Bioenergie weit weniger Einfluss auf die Preisentwicklung im Agrarsektor als ursprünglich von Mitchell (2008) angenommen. So sei es bemerkenswert, dass sich Maispreise in den USA während der ersten Bioethanol-Welle kaum veränderten und Rapspreise sogar sanken, als die EU den Biodieselverbrauch enorm vorantrieb. Des Weiteren erreichten die Preise ihre Höhepunkte während der Ethanolverbrauch in den USA zurückging und sich der Biodieseleinsatz in der EU stabilisierte.

Im medialen wie gesellschaftlichen Diskurs wird diese Diskussion oftmals unter dem Schlagwort „Teller-Tank-Konflikt" behandelt. Es darf unstrittig genannt werden, dass das Interesse an sicheren, hochwertigen und bezahlbaren Nahrungsmitteln aus ethischer Perspektive das höchste Gut in einer vorzunehmenden Güterabwägung darstellt. Insofern verwundert es auch nicht, dass hierin ein neuralgischer Punkt der gesamten Debatte liegt.

Jede Initiative, die dem (Menschen-)Recht auf eine angemessene Ernährung Priorität einräumt, ist zweifelsohne zu unterstützen. Zugleich argumentiert er, dass diese Priorisierung keine pauschale Kritik am Anbau und Handel von Biomasse für Treibstoffe mit sich bringen muss, „sofern deren Nutzen aus ökologischen und klimarelevanten Gründen […] ausgewiesen werden kann." (Schleissing 2013, S. 25). Grundsätzlich sollte eine jede Debatte um Ernährungssicherheit nicht andere Aspekte abseits der auf „Teller oder Tank" zugespitzten Alternative aus den Augen verlieren, etwa die Produktivitätssteigerung beim Anbau von Pflanzen oder Verbesserungen bei Lagerung und Transport (vgl. Schleissing 2013, S. 25). Es ist daher davor zu warnen, „Fragen der Energieversorgung […] einseitig gegen Ernährungsfragen auszuspielen." (Schleissing 2013, S. 26).

Über die Bedeutung von Nahrungssicherheit[2] für ein menschenwürdiges Leben herrscht also breiter moralischer Konsens. Inwieweit der Anbau von Biomasse zur energetischen Nutzung in Bayern tatsächlich Auswirkungen auf den Hunger in ärmeren Regionen aufweist und inwieweit damit einhergehend dem lokalen Akteur eine moralische Verantwortung zugesprochen werden muss, ist hingegen strittig.

Es wäre möglich, dass beispielsweise der deutsche Biomasseanbau zu energetischen Zwecken zu einer Steigerung des Imports von Nahrungs- oder Futtermitteln führt, wodurch wiederum die Nahrungs- und Futtermittelpreise in anderen Ländern – vor allem in den Entwicklungsländern – steigen könnten, welche sich die arme Bevölkerung nicht mehr leisten kann. Andererseits könnte die Preissteigerung auch das Einkommen der Landbevölkerung in ärmeren Ländern steigern, so dass diese vermehrt Landwirtschaft betreiben könnte. Dadurch würden die Landwirte langfristig einen Beitrag zur Versorgungssicherheit der ländlichen und urbanen Bevölkerung leisten. Eine derartige Kausalitätskette der Auswirkung der deutschen Landwirtschaft auf die der Entwicklungsländer ist nicht von vornherein abzustreiten. Der Wirkungszusammenhang von globalen Konsequenzen lokaler Handlungen ist jedoch schwer exakt zu bestimmen, wodurch sich auch die Verantwortung nur bedingt einzelnen Personen zusprechen lässt (Vogt 2009, S. 379). Prinzipiell scheinen die drei in der Diskussion regionaler Nahrungsmittelkonsumenten festgehaltenen Fragen, die an Bioenergietechnologien zu stellen sind, auch aus internationaler Sicht von Bedeutung zu sein.

In der Regel wird an diesem Punkt der Debatte auf die Relevanz politischer Strukturen verwiesen: Die nationalen wie transnationalen politischen Institutionen und ihre konkreten Akteure sind es, die die notwendigen Rahmenbedingungen im Kampf gegen den Welthunger zu schaffen haben (Ott und Döring 2004, S. 39). Auch die vorliegende Studie ist in diesem Sinne der Überzeugung, dass sich die Verantwortung für derartige nicht-intendierte Auswirkungen auf globaler Ebene nicht primär dem einzelnen Akteur zuschreiben

---

[2] Der Zustand der Nahrungssicherheit besteht dann, wenn ein Mensch jederzeit physischen und wirtschaftlichen Zugang zu ausreichender, gesundheitlich unbedenklicher und nahrhafter Nahrung bzw. zu den Mitteln ihrer Erlangung besitzt (UN-Wirtschafts- und Sozialrat 1999, S. 4).

lässt, sondern dass es sich vielmehr in erster Linie um den Verantwortungsbereich der nationalen wie vor allem der internationalen Politik handelt. Würde man die Verantwortung in diesen Konflikten nur auf der Mikroebene suchen, bedeutete dies eine moralische Überforderung, wie sie in der öffentlichen Debatte um Energie aus Biomasse dem Landwirt oft genug zugemutet wird. In diesem Zusammenhang ist es vielmehr – wie schon in der umweltethischen Diskussion angesprochen – von Bedeutung, nicht nur die möglichen nicht-intendierten negativen Konsequenzen landwirtschaftlicher Praxis für die Nahrungssicherheit in den ärmeren Regionen zu thematisieren, sondern die Lebensführung in den Industrieländern generell kritisch zu diskutieren: Es sind nicht nur lokale Entscheidungen in der Landwirtschaft, die gegebenenfalls die Nahrungssicherheit in Entwicklungsländern gefährden, sondern auch Fragen der gesamten Lebensführung wie beispielsweise der verschwenderische Umgang mit Lebensmitteln oder auch der durchschnittliche Fleischkonsum in der westlichen Welt (Nierenberg 2005; Paul und Wahlberg 2008).

Entsprechend ist es ebenso wenig angebracht, die Debatte über die etwaige Bedrohung der Nahrungsmittelsicherheit aufgrund mangelnder Flächen zum Nahrungsmittelanbau nur zu Lasten der Bioenergieproduktion zu führen. Während im medialen Diskurs oftmals nur die Flächenkonkurrenz zwischen Nahrungsmitteln und Bioenergie in den Fokus gerückt wird, besteht eine derartige Konkurrenzsituation ebenso zwischen Nahrungsmittelanbauflächen und Verkehrsflächen, Siedlungsflächen, Industrieflächen, Freiflächen-Photovoltaikanlagen oder Anbauflächen von nichtnahrungstauglichen Produkten wie Tabak, Wald oder Naturschutzflächen. Hierzu zählt auch die Produktion von Futtermitteln, die nicht für die Ernährung von Nutztieren (z. B. für Haustiere) gedacht sind. Diese Beispiele zeigen, dass eine Reflexion über einen verantwortungsvollen Umgang mit verfügbaren Flächen nicht allein auf die Produktion von Energie aus Biomasse abzielen darf, sondern weit umfassender geschehen muss.

Das Gesagte darf dabei nicht als „Freischein" missinterpretiert werden: Wenn die primäre, maßgebliche Verantwortung auf der Makroebene liegt, darf sich die Verantwortung damit nicht „verflüchtigen", vielmehr gilt: „Gerade in den komplexen Handlungs- und Wirkungszusammenhängen moderner Gesellschaft ist dauerhafte Verantwortung […] nur möglich, wenn sie sowohl auf der individuellen Ebene als auch auf der strukturellen Ebene des Bemühens um eine verantwortliche Gestaltung der rechtlichen und politischen Strukturen wahrgenommen wird." (Vogt 2009, S. 381).

Der Landwirt ist also – so wie jeder andere Bürger auch – dazu aufgefordert, seine Handlungen, Entscheidungen und seine Lebensführung hinsichtlich möglicher Beeinträchtigung der Nahrungsmittelsicherheit auf globaler Ebene zu reflektieren. Beispielsweise sind Arten der Bioenergiegewinnung, die in ihrem Herstellungsverfahren in keine potentielle Konkurrenz zu Nahrungsmitteln treten (wie die energetische Verwertung von Reststoffen wie Grünschnitt von Hecken, Straßenbegleitgrün usw.) aus Sicht der Interessenslage der regionalen wie internationalen Nahrungsmittelkonsumenten positiver zu bewerten als andere.

Menschen der Region Der Anbau von Biomasse zu Energiezwecken betrifft in seinen Auswirkungen auch das regionale Umfeld. Unter dem Prinzip des Wohlergehens lassen sich drei Interessen der Region ausmachen (insofern das regionale Umfeld auch als Nahrungsmittelkonsument auftritt, ist es bereits an gegebener Stelle berücksichtigt worden):

1. Erstens besteht das Interesse an der Erhaltung der natürlichen Lebensgrundlage. Dies verweist auf die naturethische Behandlung des Themas (vgl. Kap. 4.1), da dieses Interesse in den oben genannten Aspekten des Boden-, Wasser-, Luft-, Klima- und Biodiversitätsschutzes mitberücksichtigt ist.
2. Zweitens hat das Umfeld Interesse an einem wirtschaftlichen Wohlergehen der Region. Der Anbau von Biomasse zu Energiezwecken kommt diesem Interesse grundsätzlich entgegen, da er Arbeitsplätze in der landwirtschaftlichen Produktion und der Verwertungsindustrie sowie zugeordneten Wirtschaftszweigen sichert bzw. sogar schafft. Als besonders positiv ist es hierbei zu bewerten, wenn ein Großteil der gesamten Wertschöpfungskette in der Region bleibt.
3. Drittens hat das regionale Umfeld Interesse daran, keine maßgebliche Verminderung der Lebensqualität zu erleiden, etwa durch Lärm, Geruch, als unpassend empfundene Architektur, Schädigung des kulturell geprägten und vertrauten Landschaftsbildes usw. Dieses Interesse könnte sowohl durch den Anbau als auch die Verwertung von Biomasse zu Energiezwecken in negativer (nicht heimische oder nur wenige Pflanzenarten, evtl. entstehende Gerüche z. B. durch Gülle oder Gärreste, Anlagenbau usw.) wie in positiver Weise (z. B. Ästhetik von Feldern, prinzipielle Pflege der Kulturlandschaft) betroffen sein.

Sind Fragen der Geruchs- oder Lärmbelästigungen weitgehend rechtlich geregelt, ist die Ebene der ästhetischen Argumente hingegen nur bedingt juristisch verhandelbar und insofern oftmals Auslöser für Kontroversen vor Ort. Darüber, inwieweit sich eine Biogasanlage weniger befriedigend in ein Landschaftsbild einfügt als beispielsweise ein Einfamilienhaus, eine Tankstelle oder ein Industriekomplex, und inwieweit eine Pflanze ästhetisch ansprechender für das Auge des Spaziergängers ist als eine andere, lässt sich trefflich streiten. Gerade beim Anbau von Energiepflanzen, die nicht als traditionell heimisch empfunden werden, äußert das regionale Umfeld oftmals Bedenken hinsichtlich einer Beeinträchtigung der Kulturlandschaft. Auch eine starke Konzentration auf nur eine oder wenige Pflanzenarten, wie im Begriff der sogenannten „Vermaisung" der Kulturlandschaft beschrieben, wird vielfach kritisch gesehen. Etablierten Getreidearten wird hingegen oftmals ein für die Landschaft identitätsstiftender Charakter zugesprochen. In diesem Sinne kann der Anbau von Pflanzen für energetische Zwecke vom regionalen Umfeld durchaus auch als „Erhalt einer standorttypischen Kulturlandschaft" (Kröber 2005, S. 43) empfunden werden.

Gerade hinsichtlich des Interesses der Region, keine Verminderung der Lebensqualität zu erleiden, kann landwirtschaftlicher Energiegewinnung dabei ein prinzipieller Akzeptanz-Bonus im Vergleich mit anderen Energietechnologien zugesprochen werden: Auch wenn es an empirischen Daten zum direkten Vergleich fehlt, so ist zu vermuten, dass ein relevanter Teil der Bevölkerung es vorzieht, im regionalen Umfeld eines landwirtschaftlichen, Bioenergie produzierenden Betriebs zu leben, und nicht etwa in Sichtweite eines Kernreaktors, eines großflächigen Windparks oder riesiger Freiflächen-Photovoltaikanlagen. Derartige Energieproduktionsverfahren werden oftmals als sogenannte „Großtechniken" wahrgenommen. Darunter versteht die Techniksoziologie Projekte und Anlagen ab einer gewissen, nicht präzise quantifizierbaren Größenordnung wie eben Kernkraftwerke oder große Infrastrukturmaßnahmen, etwa Flughafenausbau. Dabei gilt: „Großtechnik ist semantisch mit Kapitalismus, mit Großkonzernen und Establishment verknüpft und gegenüber diesen Erscheinungsformen der Moderne herrscht starke Ablehnung vor." (Zwick 2001, S. 127).

Landwirtschaftliche (Energie-)Produktion wird hingegen in der Regel nicht als „Großtechnik", sondern als etablierte, traditionelle Arbeitsform wahrgenommen. Die in Diskussionen um Energieproduktion in lokaler Nähe häufig festzustellende Position „*not in my backyard*", sprich: dass Menschen zwar gerne die Vorzüge bestimmter Industrien genießen, diese aber nicht in ihrem regionalen Umfeld wünschen, tritt in Debatten um landwirtschaftliche Energieproduktion dementsprechend in der Regel seltener auf als bei anderen Energieproduktionsweisen.

Aus einer moralphilosophischen Perspektive sind die skizzierten historisch gewachsenen und ästhetischen Argumente nur bedingt von Relevanz: Eine Berücksichtigung dieser Wertvorstellungen könnte gesellschaftliche Konflikte vermeiden helfen und insofern zu sozialem Frieden und stärkerem gesellschaftlichen Zusammenhalt in der Region beitragen. Insofern ist der Landwirt – auch aus Gründen höherer Akzeptanz seiner landwirtschaftlichen Praxis – gut beraten, diese Argumente zu sondieren und ernst zu nehmen.

Hinsichtlich des Prinzips der Autonomie sind zwei Interessen des regionalen Umfeldes zu benennen: 1) Erstens könnte Energie aus Biomasse entweder auf direktem Wege durch weitgehende Selbstversorgung mit Energie oder auf indirektem Wege durch die ökonomische Stärkung der Region die Abhängigkeit von einzelnen Energieträgern verringern und die Autonomie der Region erhöhen. 2) Zweitens weist das regionale Umfeld das Interesse auf, die Entwicklungen in der Region mitbestimmen zu können und – damit eng zusammenhängend – eigene, mitunter weltanschaulich geprägte, kulturell tief verankerte Ansichten über die Natur, die Landwirtschaft, die Industrie und die Gesellschaft in die Debatte um Bioenergie einzubringen. Dieses in den letzten Jahrzehnten stärker gewordene Anliegen ist nicht zuletzt im Kontext der staatlichen Subventionen des Agrarsektors zu sehen: „Konkret, wenn die Öffentlichkeit mehr als die Hälfte der landwirtschaftlichen Einkommen bezahlt, dann will sie auch darüber mitreden, welche Nutzungen, in welchem Umfang und unter Einsatz welcher Produktionsverfahren für die landwirtschaftlichen Flächen zum Zuge kommen." (Schöpe 2005, S. 25). Die Wahrung dieses Interesses ist über die rechtlichen Bestimmungen zur Partizipation an der Regionalpolitik (Wahlen) grundsätzlich gesichert. Dem Landwirt steht darüber hinaus offen, dem regionalen Umfeld einen partizipativen Prozess anzubieten, um die kulturellen und historischen Wertvorstellungen zum Thema zu machen.

Aufgrund der zentralen Bedeutsamkeit dieser kulturell-historischen Konzepte und Bilder für die gesellschaftliche Debatte um Bioenergie werden prägende kulturelle Wertvorstellungen unter Kap. 4.3 eigens behandelt werden.

Hinsichtlich des Prinzips der Gerechtigkeit ist schließlich das Interesse zu identifizieren, unter den gleichen wirtschaftlichen und politischen Rahmenbedingungen so konkurrenzfähig produzieren und wirtschaften zu können wie andere Regionen.

Steuerzahler Steuerzahler haben das Interesse einer effizienten, als sinnvoll empfundenen Verteilung der Steuergelder. Energie aus Biomasse ist gegenwärtig ohne staatliche Subventionen nicht ökonomisch konkurrenzfähig (International Assessment of Agricultural Knowledge, Science and Technology for Development 2009, S. 107). Es ist zu bezweifeln, dass sich dies in naher Zukunft ändern wird. Hierbei darf jedoch nicht vergessen werden, dass auch zum Teil fossile Energieträger und andere erneuerbare Energien via Subventionen und politischen Ordnungsmaßnahmen staatlich gefördert werden.

Aus der Perspektive des Steuerzahlers sind Subventionen prinzipiell kritisch zu diskutieren. Die Leitfrage lautet: Könnte man die eingesetzten Steuergelder anderswo effizienter investieren? Diese Frage entzieht sich einer klaren, ein für allemal feststehenden Antwort, vielmehr bedarf sie eines steten gesellschaftlichen Aushandlungsprozesses, in dem verschiedene Stimmen und Interessen gehört und abgewogen werden müssen.

Grundsätzlich gilt: Zwischen Energieformen, welche dieselben oder ähnliche Vorteile generieren, ist dabei jene Option zu wählen, die nicht auf staatliche Subventionen angewiesen ist. Derart „frei gewordene" Gelder können nämlich gegebenenfalls – ethischen Kriterien folgend – an anderer Stelle „sinnvoller" verwendet werden.

Im Bezug auf Energie aus Biomasse hält die vorliegende Studie fest: Eine staatliche Förderung einer Energieform, die eine Alternative zu den endlichen Ressourcen bietet und nachhaltig im Sinne eines umweltschonenden Umgangs gewonnen werden kann, erscheint aus ethischer Perspektive sinnvoll. Hierbei gilt es auch etwaige indirekte Kosten zu berücksichtigen: Eine Subvention von Energie aus Biomasse, die unter Optimalbedingungen eine bessere Klimabilanz als fossile Energieträger aufweist, verursacht langfristig möglicherweise weniger Kosten als der Klimawandel.

Mitmenschen (international) In Bezug auf die Mitmenschen auf internationaler Ebene lassen sich hauptsächlich zwei moralisch legitimierte Interessen nennen: 1) Erstens könnte der Anbau von Biomasse für Energiezwecke – im Einzelnen schwer vorhersehbare – Folgen für die internationale Nahrungsmittelversorgung haben. Dieses Interesse wurde bereits dargelegt. 2) Zweitens könnte der Anbau von Biomasse für Energiegewinnung – schwer vorhersehbare – Folgen für die Erhaltung der natürlichen Lebensgrundlage in anderen Regionen haben. So wäre es etwa möglich, dass der durch Bioenergie bedingte Flächenverlust für den Nahrungsmittel- und Futtermittelanbau in Deutschland durch Abholzung von Regenwäldern in anderen Ländern kompensiert wird. Diese Umwandlung von zuvor ungenutzten Flächen in Ackerland, um den steigenden Bioenergie- und dadurch steigenden Nahrungsbedarf decken zu können, wird unter dem Begriff der indirekten Landnutzungsänderung (*Indirect Land Use Change*, kurz iLUC) der Bioenergie negativ angerechnet.

Die Nachfrage nach Ackerland kann zweifelsohne zu so genannten Landnutzungsänderungen führen, die sich nicht nur direkt (beispielsweise durch Umwandlung von Weiden oder Naturflächen in Anbauflächen; man spricht hierbei auch von dLUC-Faktoren für *Direct Land Use Change*), sondern auch indirekt (iLUC; beispielsweise durch Verdrängung des Anbaus von Lebensmitteln durch Energiepflanzen auf andere Flächen) bemerkbar machen können. Im Kontext der Landnutzungsänderungen werden wie erläutert insbesondere die iLUC-Faktoren diskutiert. Dabei ist weder sicher, ob sich indirekte Landnutzungsänderungen beobachten und messen lassen, noch welche von den stark variierenden iLUC-Werten überhaupt angesetzt werden können oder sollen (Finkbeiner 2013). Die Fragen hierbei sind von hoher Komplexität: Welche Modelle taugen, um die Klimafolgen gerader indirekter Landnutzungsänderungen in ihrer Komplexität berechenbar zu machen? Inwieweit kann und soll eine Berücksichtigung indirekter Landnutzungsänderungen in der Gesetzgebung zu Biokraftstoffen stattfinden, wenn nicht einmal klar ist ob die iLUC-Werte verschiedener Kraftstoffe positiv oder negativ sind (Finkbeiner 2013)? Werden Koppelprodukte vieler Energieträger in der Bewertung berücksichtigt, wie beispielsweise eiweißhaltige Futtermittel, die den Sojaimport verringern können, so dass den Energieträgern keine indirekte Landnutzungsänderung angelastet werden kann?

Das zuvor genannte Interesse an der Erhaltung der natürlichen Lebensgrundlagen ist dabei im Hinblick auf alle drei ethischen Prinzipien von Bedeutung: Die natürliche Lebensgrundlage ist Basis jedes menschlichen Wohlergehens, sie ist materielle Voraussetzung von Freiheit und Autonomie und als solche wird sie vom Prinzip der internationalen Gerechtigkeit eingeklagt, das fordert, die Lebensmöglichkeiten und Belastungen unter allen Menschen gerecht zu verteilen.

Über die tatsächlichen Auswirkungen der landwirtschaftlichen Energiegewinnung in Deutschland und Europa auf die Situation in den sogenannten „Entwicklungsländern" wird heftig gestritten. Einerseits bedeutet der Bioenergieboom in der westlichen Welt eine wirtschaftliche Chance für ärmere Länder. Sie könnten von steigenden Exporten von Biomasse in die USA und nach Europa profitieren (Widmann und Remmele 2008). Andererseits sind es oftmals gerade die Kleinbauern in den Entwicklungsländern, die ihr Land an Großunternehmen verlieren und sich gezwungen sehen, unter schlechten Bedingungen auf den neu angelegten Plantagen zu arbeiten (Höges 2009). Es zeigt sich auch hier: Ein generelles Urteil ist nicht möglich.

Die Reflexion möglicher Auswirkungen von landwirtschaftlichen Entscheidungen in Deutschland auf globaler Ebene verweist auf die Ausführungen weiter oben. Sowohl in der umweltethischen Diskussion (vgl. Kap. 4.1) wie auch in der Behandlung der Betroffenengruppe „Internationale Nahrungsmittelkonsumenten" wurde die Frage des Verantwortungsbereichs des deutschen Landwirts bereits erörtert.

Es gilt auch hier: Die Zusammenhänge zwischen dem Anbau und der Verwertung von Biomasse in Deutschland und der Erhaltung der natürlichen Lebensgrundlage weltweit sind komplex und im Einzelnen schwer darzustellen. Sie verweisen primär auf den Verantwortungsbereich nationaler wie transnationaler politischer Bemühungen. Dies entbindet den einzelnen Akteur jedoch nicht von seiner Pflicht, sie so weit und so gut wie möglich in den Blick zu bekommen und sie – unter Berücksichtigung ihrer Unsicherheit – in der ethischen Evaluation angemessen zu berücksichtigen.

Im Sinne einer offenen, adäquaten Debatte wäre auch hier notwendig, was im Rahmen der Diskussion um die Nahrungssicherheit bereits Thema wurde: Es sollte nicht nur über die etwaigen negativen Auswirkungen der Bioenergie auf die Situation in den Entwicklungsländern diskutiert werden, sondern auch gefragt werden, ob und inwieweit auch beispielsweise die fossile Energiewirtschaft oder unser aller Lebensführung zu Menschenrechtsverletzungen und Umweltschäden in den ärmsten Regionen der Welt beitragen.

Zukünftige Generationen Der Gedanke einer Verantwortung gegenüber zukünftig lebenden Generationen geht nicht zuletzt auf den deutschen Philosophen Hans Jonas und sein Werk „Das Prinzip Verantwortung" aus dem Jahr 1979 zurück. Jonas diagnostiziert darin, dass die traditionellen Ethiken den neuen, durch Technik erweiterten Handlungsmöglichkeiten des Menschen nicht länger gerecht werden. Auf der Suche nach einer neuen Ethik formuliert er einen kategorischen Imperativ, der ausdrücklich die Konsequenzen unseres (technologisch erweiterten) Handelns für die Zukunft mit einbezieht: „Handle so, dass die Wirkungen deiner Handlung verträglich sind mit der Permanenz echten menschlichen Lebens auf Erden." (Jonas 1984, S. 36).

Jonas fordert also dazu auf, unsere Handlungen und deren Konsequenzen unter anderem daran zu messen, inwieweit sie das Interesse zukünftig lebender Menschen an einem menschenwürdigen, gelungenen Leben positiv oder negativ berühren. Wenn wir als Menschen der Gegenwart beispielsweise die natürliche Umwelt schädigen und mit den uns zur Verfügung stehenden Ressourcen verschwenderisch umgehen, leiden vor allem die zukünftigen Generationen unter den Auswirkungen. Diese Ungleichheit zwischen Verursachern und Leidtragenden wird als ungerecht angesehen. Wir sind demnach dazu angehalten, natürliche Ressourcen so zu nutzen, dass auch spätere Generationen noch einen angemessenen Nutzen aus ihnen ziehen können. Die philosophische Kontroverse über die Begründung einer Verantwortung gegenüber zukünftigen Generationen (beispielsweise die Frage, inwieweit noch nicht existierende Lebewesen „Rechte" haben können, die uns normativ berühren) wird an dieser Stelle bewusst ausgeklammert (vgl. hierzu z. B. Birnbacher 1988).

Das Prinzip der intergenerationellen Gerechtigkeit – demzufolge zukünftige Generationen mit nicht weniger Lebensmöglichkeiten auszustatten sind als der gegenwärtigen Generation zur Verfügung stehen – prägt bis heute maßgeblich die politische wie auch die gesellschaftliche Debatte über Lebensführungsfragen im Allgemeinen und über Energietechnologiefragen im Besonderen und schlägt sich beispielsweise im Konzept der Nachhaltigkeit prominent nieder.

Für eine ethische Diskussion über Energie aus Biomasse bedeutet dies, dass sie umweltethische Kriterien berücksichtigen muss (vgl. Kap. 4.1): Als Basis jedes menschlichen Wohlergehens und materielle Voraussetzung von Freiheit und Autonomie ist die Erhaltung der natürlichen Lebensgrundlage für nachfolgende Generationen von zentraler Bedeutung.

Vergleicht man Energie aus Biomasse mit fossilen Energieträgern, wird ihr in der Regel hinsichtlich der Interessenslage zukünftiger Generationen ein positives Zeugnis ausgestellt: Massive Umweltschäden bei der Förderung fossiler Energieträger (wie im Golf von Mexiko im Sommer 2010) oder Unfälle bei der Herstellung atomarer Energie (wie in Fukushima, Japan, im März 2011) lassen den gesellschaftlichen Ruf nach neuen, „umweltfreundlicheren" Energietechnologien gerade mit Blick auf zukünftige Generationen wieder erstarken. Hierbei kommt in der öffentlichen Debatte vor allem dem Schutz des Klimas eine Schlüsselrolle zu (vgl. Kap. 4.1): Energie aus Biomasse, so die Befürworter, ist aufgrund des CO_2-Einsparungspotentials klimaschonender als fossile Energien. Kritiker argumentieren hingegen, dass Bioenergie, rechnet man Dünge- und Pflanzenschutzmittel, wie sie in der konventionellen Produktion eingesetzt werden, sowie generell Bewirtschaftung, Verarbeitung, Transport und Schaffung zusätzlicher landwirtschaftlicher Flächen in die Bilanz mit ein, keineswegs CO_2-neutral sein müssen (Levidow und Paul 2008; Schmitz und Henke 2009).

Der Konflikt um eine adäquate Berechnung der Klimabilanzen dauert an. Ein bedeutendes Fazit steht allerdings bereits fest: Generalisierende Debatten über die Klimabilanz – bzw. die Umweltverträglichkeit allgemein – von Energie aus Biomasse sind nicht sinnvoll, da ihre Gewinnung und Verwertung standort-, struktur-, anbau- und nutzungsspezifisch ist. Gerade mit Blick auf die globale Ebene zeigen sich erhebliche Differenzen in den Umweltbelastungen durch Energiegewinnung aus Biomasse. So erfüllen etwa deutsche Formen dieser Energieproduktion im internationalen Vergleich strenge Auflagen und weisen einen hohen technischen Innovationsgrad auf.

Es ist davon auszugehen, dass zukünftige Generationen nicht nur ein Interesse an einer intakten Natur aufweisen, sondern darüber hinaus auch ihre Bedürfnisse durch Rohstoff- und Ressourcennutzung befriedigen wollen. Auch in diesem Punkt wird Energie aus Biomasse in der Regel fossilen Energien vorgezogen: Energie aus Nachwachsenden Rohstoffen ist potentiell unendlich verfügbar. Indem die Gegenwart ihr Energiebedürfnis stärker durch erneuerbare Energien stillt, stehen die sich erschöpfenden fossilen Energieträger damit auch noch nachfolgenden Generationen – gerade auch für nicht-energetische Zwecke – zur Verfügung.

Aus ethischer Perspektive kann also notiert werden, dass mit Blick auf zukünftige Generationen die Entwicklung von Energiesystemen aus Nachwachsenden Rohstoffen sinnvoll ist. Es ist davon auszugehen, dass auch zukünftige Generationen einen hohen Energie- und Ressourcenbedarf aufweisen werden und auf Güter der Natur wie Boden, Wasser, Luft, Klima und Biodiversität angewiesen sein bzw. diese als Bestandteile eines guten Lebens schätzen werden. Immer vorausgesetzt, dass es bei der Energiegewinnung aus Biomasse zu keinen schwerwiegenden ökologischen Schäden (wie der Abholzung von Regenwäldern) kommt, besitzen technologische Innovationen auf dem Sektor der Energie aus Biomasse hierbei das Potential, diese Interessen nachfolgender Generationen zu berücksichtigen.

Sonstige (die je nach konkreter Situation zusätzlich Betroffenen) Die Identifikation relevanter Betroffener und ihrer Interessen soll als offener Prozess verstanden werden. Die vorliegende Studie hat beispielsweise einige zusätzliche betroffene Akteure identifiziert, deren Interessen aber als nur bedingt ethisch relevant bewertet und daher in der Diskussion nicht berücksichtigt wurden. Zu nennen sind hier z. B. Energieproduzenten (wie Produzenten von Windenergie) oder Futtermittelproduzenten. Diese oder andere Gruppen können für die spezifische Situation des Landwirts jedoch durchaus von Relevanz sein. Entsprechend ist der Punkt „Sonstige" als Appell für eine selbstständige, weiterführende Reflexion über mögliche Betroffene zu verstehen.

4.2.2 Sozialethische Matrix

Das folgende Schema (Tab. 4.3) fasst die von der Erzeugung von Biomasse zur energetischen Nutzung Betroffenen und ihre hinsichtlich der drei ethischen Prinzipien Respekt vor Wohlergehen, Respekt vor Autonomie und Respekt vor Gerechtigkeit zu diskutierenden Interessen in einer ethischen Matrix zusammen.

Lässt sich in Bezug auf ein Prinzip bei einer Gruppe kein relevantes Interesse feststellen, bleibt die entsprechende Zelle leer.

Die Matrix vermittelt einen Überblick über die ethisch zu berücksichtigenden Aspekte. Auf diese Weise liefert sie nicht nur einen ersten Eindruck der sozialethischen Dimension der Problematik, seiner Vielgestaltigkeit und Komplexität, sondern kann zur Strukturierung der Diskussion beitragen und die Transparenz der ethischen Begründungen erhöhen.

4.3 Diskussion der kulturellen Dimensionen

Die vorliegende Studie folgt der These, dass die gesellschaftliche Bewertung und Diskussion von Bioenergietechnologien zu einem nicht unwesentlichen Teil durch kulturell-historische Dimensionen und Wertvorstellungen geprägt ist. Die konfliktreichen Debatten über Bioenergietechnologien sind demnach nicht nur Kontroversen um Chancen, Risiken und technische Möglichkeiten, sondern Konflikte um Zukunftsvorstellungen und Gesellschaftsentwürfe. Sie stehen in einem engen Zusammenhang mit Fragen, in welcher Gesellschaft wir leben wollen und welche Formen von Landwirtschaft wir in einer „guten" Gesellschaft gefördert sehen wollen.

Fokussiert man eine ethische Begleitanalyse lediglich auf verallgemeinerbare Kriterien einer methodisch kontrollierten Güterabwägung, so irritiert die ausgesprochen starke Kontextabhängigkeit – Kritiker würden sagen: Beliebigkeit –, mit der von den unterschiedlichen Akteuren in der gesellschaftlichen Konfliktarena auf kulturelle „Werte" oder das Gut „Tradition" zurückgegriffen wird. Der Umgang mit historisch gewachsenen Traditionen entzieht sich in der Tat einer bloß rationalen Abwägung. Zugleich macht die Diskussion um die „Eingriffstiefe" in die Landschaft bzw. in „die Natur" deutlich, dass an dieser Stelle zugleich der konflikträchtige Kern des Problems liegen dürfte.

Tab 4.3 Sozialethische Matrix: Energie aus Biomasse mit den jeweiligen Interessen der Betroffenen in Bezug auf die ethischen Prinzipien Wohlergehen, Autonomie und Gerechtigkeit

Prinzip Betroffene	Wohlergehen	Autonomie	Gerechtigkeit
Landwirte	Ökonomisches Auskommen Gute Arbeitsbedingungen	Wahlfreiheit zwischen Anbaukulturen und Nutzungspfaden	Konkurrenzfähigkeit
Verwerter	Ökonomisches Auskommen Gute Arbeitsbedingungen		Verlässlichkeit politischer Rahmenbedingungen
Energiekonsumenten	Qualitativ hochwertige, sichere und erschwingliche Energieversorgung	Wahlfreiheit zwischen Energiequellen Steigerung der Souveränität der Energieversorgung	
Regionale Nahrungsmittelkonsumenten	Sichere, hochwertige und erschwingliche Nahrung	Erfüllung der Grundbedürfnisse als Basis von Autonomie	
Internationale Nahrungsmittelkonsumenten	Sichere, hochwertige und erschwingliche Nahrung	Erfüllung der Grundbedürfnisse als Basis von Autonomie	Internationale Gerechtigkeit
Menschen der Region	Erhaltung der natürlichen Lebensgrundlage Wirtschaftliche Stärkung der Region Keine maßgebliche Verminderung der Lebensqualität (durch Lärm, Gestank,…)	Partizipation Erhöhung der regionalen Autonomie	Konkurrenzfähigkeit im Vergleich mit anderen Regionen
Steuerzahler			Sinnvolle Verteilung der Steuergelder
Mitmenschen (international)	Erhaltung der natürlichen Lebensgrundlage	Lebensgrundlage als Basis von Autonomie	Internationale Gerechtigkeit
Zukünftige Generationen	Erhaltung der natürlichen Lebensgrundlage	Erhaltung der Lebenschancen	Intergenerationelle Gerechtigkeit
Sonstige			

Aus diesem Grund muss eine ethische Bewertung des Themas „Energie aus Biomasse" nicht nur auf die normativ-analytischen, sondern ebenso auf die kulturell-deskriptiven Faktoren des Konflikts eingehen. Weil diese nicht objektiv gegeben sind, sondern in den Wertungen der Befürworter bzw. Kritikern von Biotechnologien zumeist implizit enthalten sind, kommt der Ethik hier eine zweifache Aufgabe zu: 1) Feststellung und Erklärung der kulturbestimmenden Werte und Traditionsbezüge, die in die Urteile über neue Technologien eingehen. 2) Beschreibung eines kommunikativen Verfahrens, innerhalb dessen die durchaus unterschiedlich zu nennenden Wertbindungen so miteinander ins Gespräch gebracht werden können, dass Unterschiede im pro und contra selber noch einmal als Ausdruck gemeinsamer Kulturbezüge erkennbar gemacht werden können.

Oder anders und zugespitzter formuliert: Sowohl Befürworter innovativer Techniken von Energie aus Nachwachsenden Rohstoffen als auch Verfechter einer Beibehaltung der landwirtschaftlichen Produktion begrenzt auf Nahrungs- und Futtermittel berufen sich auf zusammengehörige Traditionsstränge nicht nur westlicher, sondern z. B. auch bayerischer Kultur: Technischer Fortschritt ohne Fortschreibung kultureller Überlieferungen und Praktiken ist in einer sich wandelnden Gesellschaft an keinem Ort der Welt zu gewinnen. Insofern klärt eine kulturethische Begleitanalyse, wie sie im Folgenden geleistet wird, darüber auf, dass die in der Diskussion namhaft gemachten Gegensätze nicht absolut sind. Dieser Gedanke wurde z. B. in Bayern vor einigen Jahren durch den Slogan von Bundespräsident Roman Herzog 1998 „Symbiose aus Laptop und Lederhose" prägnant zusammengefasst.

Die ethische Berücksichtigung derartiger letztlich gemeinsamer Wertvorstellungen, die von den Akteuren freilich als zutiefst konfliktreich angeführt werden, empfiehlt sich auch noch aus einem weiteren Grund, der ins Zentrum einer streitbaren, darin aber auch zum gesellschaftlichen Frieden fähigen Gesellschaft führt: Wer den sozialen Frieden wünscht, sollte die kulturellen Anschauungen seiner Mitmenschen und seines Umfelds nicht ausblenden. Für den Umgang mit den Konflikten rund um das Thema „Energie aus Biomasse" heißt das: Gelingt es einem Landwirt, der sich aus legitimen Gründen der Daseinsvorsorge für den naturschonenden Einsatz neuer (Bioenergie-)Technologien entscheidet, seine Gesprächspartner im gesellschaftlichen Umfeld davon zu überzeugen, dass auch dieser Einsatz auf einer Verpflichtung gegenüber kulturellen Werten beruht, so verdient seine Argumentation vielleicht nicht die ungeteilte Anerkennung aller Gesprächspartner, aber doch zumindest Achtung angesichts der Tatsache, dass über die Vereinbarkeit von Fortschritt und Tradition mit guten Gründen unterschiedlich geurteilt werden darf.

Die Studie identifiziert – ohne Anspruch auf Vollständigkeit zu erheben – einflussreiche kulturell-historische Ideen und Wertkomplexe, welche die öffentliche Diskussion um Energie aus Biomasse berühren und – nicht zuletzt mit Blick auf das Beispiel Bayern – Orte maßgeblicher Stellvertreterdiskussionen für das „Ganze" einer Landwirtschaftskultur sind. Zu nennen sind hierbei:

- der Symbolgehalt von Kulturpflanzen,
- die gesellschaftliche Rolle der Landwirtschaft als Bereitsteller von Nahrungsmitteln,
- die Landschaft als Kulturgut,
- der Wert der Natürlichkeit und die „Bewahrung der Schöpfung",
- die Vorstellung der Landwirtschaft als Idylle,
- Technikskepsis in der Wahrnehmung der Landwirtschaft.

Die folgenden Erläuterungen und kritischen Diskussionen dieser kulturellen Aspekte vermögen einen Beitrag zu einer transparenteren Debatte über Bioenergietechnologien zu leisten.

4.3.1 Der Symbolgehalt von Kulturpflanzen

Die Debatte um eine energetische Verwendung von Pflanzen berührt die Ebene der kulturellen Symbole. Besonders Getreidesorten wie beispielsweise Brotweizen weisen für bestimmte Gesellschaftsgruppen eine (schwer messbare) symbolische Funktion auf, die unter gegebenen Umständen mit einer energetischen Nutzung dieser Kulturpflanzen in Konflikt geraten kann (Flaig und Mohr 1993; Rottenaicher 1993; Brüggemann 2001; Vogt 2002; Formowitz et al. 2011).

Der Ausgangspunkt der Debatte ist ein ökonomischer: Wenn der Landwirt für die energetische Verwendung seines Getreides von Energieproduzenten ein besseres Angebot erhält als von der Nahrungsmittelindustrie, fällt die Entscheidung aus wirtschaftlichen Interessen für die Energiewirtschaft als Abnehmer.

Gleichzeitig sträubt sich in vielen Menschen etwas, wenn sie hören, dass Getreide energetisch genutzt wird. Dieses Gefühl der Empörung wurzelt nicht zuletzt in der kulturgeschichtlichen Bedeutung von Getreide: Seit der neolithischen Revolution trägt die Kultivierung bestimmter Pflanzen maßgeblich zu einer sicheren Nahrungsversorgung bei (Barlösius 1999, S. 11). Auch in der Gegenwart sind die Getreidesorten Weizen, Roggen, Hafer, Gerste, Reis, Hirse und Mais von zentraler Bedeutung für die globale Ernährung (Aufhammer 1998, S. 158 ff.).

Durch die historische Tatsache, dass Getreide seit jeher ein bedeutsames Grundnahrungsmittel des Menschen war und immer noch ist, ergibt sich seine starke symbolische Bedeutungszuschreibung, die sich auch in zahlreichen Gleichnissen und Metaphern des Neuen Testaments (vgl. etwa Mt 13, 1–9 oder Joh 6, 35) niederschlägt: Getreide steht für Fruchtbarkeit und für das Leben selbst (Berger 1993, S. 93–97).

Es lässt sich also festhalten, dass bestimmte Kulturpflanzen, insbesondere Getreidesorten, aufgrund ihrer traditionellen Rolle als Grundnahrungsmittel einen hohen symbolischen Gehalt aufweisen. Entsprechend wird ihre energetische Nutzung als Grenzüberschreitung wahrgenommen, auch wenn in der Regel andere Sorten für den jeweiligen Nutzungspfad angebaut werden. Im realpolitischen Diskurs ist diese Position meist eng verbunden mit dem Argument, dass in einer Welt, in der eine Milliarde Menschen hungern, keine Grundnahrungsmittel verbrannt werden dürfen. Ohne Zweifel ist die Zahl der hungernden und unterernährten Menschen angesichts des Produktionsvolumens der globalen Wirtschaft ein Skandal. Inwieweit die energetische Nutzung von Agrarprodukten die Situation der Welternährung beeinflusst, ist dabei Anlass heftiger Kontroversen. Der unter dem Schlagwort des „Teller-Tank-Konflikts" diskutierte Zusammenhang von Energie aus Biomasse und Nahrungssicherheit wurde in der sozialethischen Diskussion eigens erörtert (vgl. Kap. 4.2, Betroffenengruppe „Internationale Nahrungsmittelkonsumenten").

In diesem Zusammenhang stellt sich die Frage, inwieweit eine derartige symbolische Aufladung Berücksichtigung verdient. Zuallererst fällt es schwer, an objektiven Kriterien festzumachen, welche Kulturpflanze einen relevanten symbolischen Gehalt aufweist und welche nicht. Während beispielsweise das Verbrennen von Weizen in Deutschland oftmals auf Empörung stößt, verletzt die energetische Verwendung von Sorghum kaum Wertzuschreibungen. Auch wenn derartige generelle Aussagen ob fehlender empirischer Daten nur mit Vorsicht geäußert werden können, lässt sich beobachten, dass in Deutschland Sorghum kaum mit „Nahrung" assoziiert wird, obwohl dieses und weitere Hirsearten in anderen Regionen der Welt durchaus wichtige Nahrungspflanzen darstellen.

In diesem Zusammenhang ist festzuhalten, dass auch die energetische Nutzung von ein und derselben Kulturpflanze unterschiedlich thematisiert wird. So wird die energetische Verwertung von Weizen zu Ethanol in der gesellschaftlichen Debatte beispielsweise weit weniger prominent verhandelt als das in der Energieversorgung kaum eine Rolle spielende „Weizen verheizen" zu Wärmegewinnungszwecken. Dies mag nicht zuletzt an der Anschaulichkeit der Verwertungspfade und mancher polemischer Slogans liegen. Die Worte „Weizen verheizen" lassen bei vielen Menschen auch ohne detailreiche Kenntnis über Energietechnologien ein eindeutiges Bild im Kopf entstehen, nämlich die Verschwendung von Lebensmitteln, im Gegensatz zu der Formulierung „thermische Nutzung von Weizen". Darüber hinaus kann angenommen werden, dass der Informationsstand über die energetische Umwandlung von Weizen zu Ethanol geringer ist. Selbst in der Debatte um E10, wie sie im Frühjahr 2011 stattgefunden hat, lag der Hauptdiskussionspunkt nicht beim Rohstoff Weizen und seiner Konversion, sondern eher bei der Tauglichkeit der Motoren, mit E10 betrieben zu werden.

Aus einer strikt normativen Perspektive ist zu notieren, dass sich aus der Tatsache, dass bestimmte Gesellschaftsgruppen dieses kulturell gewachsene Gefühl des besonderen Symbolgehalts bestimmter Pflanzen teilen, nur eine schwache ethische Verpflichtung ableiten lässt, nämlich die Verpflichtung, diese Gefühle – wenn möglich – zu berücksichtigen. Darüber hinaus würde es angesichts der zentralen Bedeutung von Energie in unserem Leben zu kurz greifen, in der energetischen Verwendung von Kulturpflanzen eine Art „Verschwendung" zu sehen (vgl. Kap. 4.3.2). Zu berücksichtigen ist auch, dass sich Symbole ändern können: „Symbole können sich ändern und sie haben sich in Kulturen stets dann geändert, wenn es notwendig und plausibel war." (Karafyllis 2012, S. 63).

Trotz dieser Relativierungen sollte die Empörung, die manche Menschen über die energetische Verwendung von Kulturpflanzen empfinden, anerkannt und nicht zuletzt im Sinne des sozialen Friedens ernst genommen werden. Vogt und Karafyllis votieren beispielsweise dafür, dass es gegen die energetische Verwendung von Getreide, eine Kultur mit hohem Symbolgehalt, zumindest so starke Einwände geben kann, dass zunächst nach möglichen Alternativen gesucht werden muss (Vogt 2002, S. 5; Karafyllis 2012, S. 63). Hat man also die Wahl zwischen zwei gleichrangigen Optionen, wobei die erste die moralischen Gefühle einer Bevölkerungsgruppe verletzt und die zweite nicht, ist die zweite Option vorzuziehen.

Wenngleich in der Realität eine solche Situation, in der kulturell gewachsene Wertkomplexe die einzig sich unterscheidenden und zu berücksichtigenden Kriterien ausmachen, so gut wie ausgeschlossen ist, ist es aus der Perspektive des Landwirts angebracht, mögliche kulturell gewachsene Vorbehalte bestimmter Gesellschaftsgruppen trotz ihrer ethischen Relativierbarkeit in den eigenen Entscheidungsfindungsprozess mit einzubeziehen und möglicherweise aktiv selbst zum Thema zu machen.

4.3.2 Die gesellschaftliche Rolle der Landwirtschaft als Bereitsteller von Nahrungsmitteln

Im Jahr 2007 wurde in den 27 Mitgliedsländern der Europäischen Union eine „Special Eurobarometer" Umfrage durchgeführt, die unter anderem die Einschätzungen und Ansichten der Europäerinnen und Europäer zur Landwirtschaft und ihrer Rolle in der Gesellschaft zum Thema hatte. Die Befragten sollten die ihrer Meinung nach zwei bedeutsamsten Aufgaben der Landwirtschaft in unserer Gesellschaft nennen.

Am häufigsten genannt wurde hierbei die Versorgung der Bevölkerung mit gesunden und sicheren Nahrungsmitteln: 56 % der Befragten sahen in der Bereitstellung von Nahrung die gesellschaftliche Hauptaufgabe der Landwirtschaft. Auf dem zweiten Platz wurde mit 30 % der Umweltschutz als zentrales gesellschaftliches Aufgabenfeld der Landwirtschaft genannt. Die Produktion von Energie landete weit abgeschlagen hinter Antworten wie dem Schutz des Wohlergehens der Tiere des Hofes oder der Sicherstellung der Selbstversorgung der Europäischen Union mit Nahrungsmitteln (Special Eurobarometer 2008, S. 49).

Nicht nur empirische Erhebungen, auch der kulturelle Diskurs (man achte auf das Bild des Landwirts in Werbesujets, Fernsehserien, Filmen oder Kinderbüchern) und Gesetzestexte belegen, dass die Hauptaufgabe der Landwirtschaft in der Bereitstellung von Nahrungsmitteln gesehen wird. Beispielsweise nennen das deutsche Landwirtschaftsgesetz von 1955 oder der Paragraph 39 des Vertrags zur Gründung der Europäischen Gemeinschaft von 1957 explizit die Sicherstellung der Ernährung als entscheidende Aufgabe der Agrarwirtschaft.

Gerade durch die Erfahrungen des zweiten Weltkrieges und der ersten Nachkriegsjahre hatte die Ernährungssicherung durch die eigene Landwirtschaft einen besonders hohen Stellenwert. Und die Landwirtschaft kam und kommt dieser Aufgabe erfolgreich nach, wie sich am Beispiel von Bayern statistisch ablesen lässt: „Die Produktivität der Landwirtschaft ist enorm angestiegen. Während rein rechnerisch ein landwirtschaftlicher Betrieb in Bayern 1990 nur 66 Personen mit Nahrungsmittel versorgen konnte, waren es 2007 bereits 120." (Bayerisches Staatsministerium für Landwirtschaft und Forsten 2008, S. 28).

Der Beruf des Landwirts wird also vor allem mit der Bereitstellung von Nahrungsmitteln in Verbindung gebracht. Es ist hierbei davon auszugehen, dass diese Rollenzuschreibung nicht ohne Auswirkungen auf die Debatte um Energie aus Biomasse bleibt: Ein Landwirt, der sein ökonomisches Auskommen nicht durch die Bereitstellung von Nahrungsmitteln findet, ruft mancherorts Irritationen hervor.

Eine in diesem Zusammenhang oft genannte Kritik warnt beispielsweise vor einem Verlust der regionalen Nahrungsmittelautarkie: Landwirte, die auf Energiepflanzenanbau umstellen, würden die regionale Selbstversorgung mit Lebensmitteln gefährden. Hierbei ist kritisch zu diskutieren, inwieweit Regionen in Europa überhaupt noch nahrungsmittelautark zu nennen sind. Noch prinzipieller ließe sich fragen, ob das Konzept eines autarken Systems, das von Importen unabhängig ist, in einer globalisierten Welt (zumindest hinsichtlich Europa) nicht als ein veraltetes Modell angesehen werden muss.

Wenngleich die Bereitstellung von Nahrungsmitteln nach wie vor ohne Zweifel eine zentrale Obliegenheit der Landwirtschaft darstellt, bedürfen das skizzierte Fremdbild des Bauern und die daraus abgeleiteten Handlungsimperative also unumgänglich weiterer Diskussion: Zuallererst muss die Rolle von Energie im gesellschaftlichen Zusammenleben adäquat gewichtet werden. Ihre Verfügbarkeit ist gerade in modernen Gesellschaftsformen eine Grundvoraussetzung für ein gelungenes Leben.

Energie kann demnach – ähnlich wie Nahrung – durchaus ein Lebens-Mittel genannt werden (Widmann und Remmele 2008): Ein Mittel, das bedeutsame „Grundbedürfnisse" des „modernen" Lebens wie Wärme, Licht oder Mobilität erfüllt und derart maßgeblich zu einem guten, komfortablen Leben beiträgt. Die Welthungerhilfe hielt in ihrem Positionspapier zur ländlichen Entwicklung schlüssig fest, dass die Versorgung mit Energie gerade auch in ärmeren Regionen die Basis für eine wirtschaftliche wie auch für eine soziale Entwicklung darstellt (vgl. Welthungerhilfe 2012, S. 31).

Angesichts der zentralen Bedeutung von Energie für das Leben in einer modernen Gesellschaft ist es also zu kurz gegriffen, in der landwirtschaftlichen Produktion von Energie eine Verfehlung des gesellschaftlichen Auftrags der Landwirtschaft erkennen zu wollen. (In diesem Zusammenhang ist auch darauf hinzuweisen, dass der Boom an Energie aus Biomasse in Zeiten sehr niedriger Agrarrohstoffpreise und großer Agrarrohstoffüberschüsse einsetzt.)

Des Weiteren ist es historisch nicht korrekt, die landwirtschaftliche Produktion von Energie als Innovation der letzten Jahrzehnte zu verstehen. Vielmehr wurde Energie immer auch schon zu einem gewissen Teil von der Landwirtschaft produziert: Über Jahrhunderte hinweg war der Landwirt durch Bereitstellung von Futtermitteln für Zugtiere wesentlich auch Energieproduzent und hat diese Aufgabe erst durch die zunehmende Industrialisierung in den letzten 200 Jahren mehr und mehr verloren (Riegler et al. 1999). Auch auf deutschen Böden wurde neben Nahrung immer schon auch Energie gewonnen: Rechnet man beispielsweise Futtermittel für Zugtiere in der Landwirtschaft und für den Personen- und Gütertransport mit ein, so wurde im Jahr 1914 auf über einem Drittel der Ackerfläche Bayerns Energie produziert (Bayerisches Staatsministerium für Ernährung, Landwirtschaft und Forsten 2009).

Die hier vorgenommenen Relativierungen bedeuten in keiner Weise, dass die landwirtschaftliche Energiegewinnung nicht nach Kriterien ihrer Sozialverträglichkeit ethisch zu reflektieren ist, jedoch gilt: Etwaige historisch gewachsene Fremdbilder des Bauern als Nahrungsmittelproduzent sind in einer kulturwissenschaftlichen Perspektive durchaus relativ und nicht absolut. Mit Blick auf die Historie lässt sich sagen, dass die landwirtschaftliche Gewinnung von Energie (auch in deutschen Bundesländern) durchaus traditionell verwurzelt ist. Landwirtschaft war nie so eindimensional wie oft vermutet. Die bäuerliche Arbeit ging immer schon über die Produktion von Nahrungsmitteln hinaus. Wer sich auf Kultur als Wert beruft, wird dabei keine Probleme haben, sich über die Vielfältigkeit kultureller landwirtschaftlicher Praxis aufklären zu lassen.

4.3.3   Die Landschaft als Kulturgut

Das kulturelle Selbstverständnis und die Identität einer Region stehen in einem engen Zusammenhang mit ihrer landschaftlichen Charakteristik. So wird gerade die bayerische Kulturlandschaft maßgeblich von der Landwirtschaft geprägt. Im nationalen wie internationalen Vergleich weist die bayerische Landwirtschaft klein- und mittelbäuerliche, also kleinräumige Strukturen auf: 69 % der Betriebe sind kleiner als 30 Hektar landwirtschaftlich genutzter Fläche (Bayerisches Staatsministerium für Landwirtschaft und Forsten 2008, S. 30). Die Betriebe in Bayern sind demnach vergleichsweise klein und über das Land verteilt. Dadurch werden auch periphere Lagen, die oft nur eine geringe Wirtschaftskraft aufweisen, in der Regel bewirtschaftet (Bayerisches Staatsministerium für Landwirtschaft und Forsten 2008, S. 31).

Die Pflege und Wahrung der Kulturlandschaft durch die landwirtschaftliche Arbeit ist dabei nicht nur hinsichtlich der Identität der Regionen, sondern auch mit Blick auf den Tourismus relevant. Auf die Bedeutung der Landwirtschaft für den bayerischen Raum im Allgemeinen und für den Tourismus im Besonderen wird entsprechend auch in den Zielsetzungen der bayerischen Agrar- und Forstpolitik explizit hingewiesen, so heißt es dort: „Eine flächendeckende Landbewirtschaftung und damit Pflege und Gestaltung einer attraktiven Kulturlandschaft soll – nicht zuletzt mit Blick auf den Tourismus – aufrechterhalten bleiben" (Bayerisches Staatsministerium für Landwirtschaft und Forsten 2008, S. 17).

Landschaft ist das zentrale Element im gegenwärtigen Tourismus. Stand in früheren Jahrzehnten beispielsweise noch die Infrastruktur einer Region im Vordergrund der Tourismuswerbung, steht heute der landschaftliche Vorzug im Fokus (Spittler 2001, S. 627). Die Werbung reagiert damit auf die Wünsche der Reisenden. Analysen ergaben, dass schöne Landschaften und eine intakte Natur entscheidende Kriterien für deutsche Urlauber bei der Wahl ihrer Destination sind (Spittler 2001, S. 628). Auch Forschungen zum Urlaubsverhalten betonen hierbei die Bedeutung der Landwirtschaft: „Dabei ist es weniger die vollkommen unbeeinträchtigte und ungenutzte Naturlandschaft, die der Tourist in seiner überwiegenden Mehrzahl sucht, als mehr eine ‚harmonische' Kulturlandschaft, die im Unterschied zur Naturlandschaft eine durch menschliche Nutzungen gestaltete Landschaft darstellt. Die Landwirtschaft hat demnach eine große Bedeutung für die Erholungslandschaft." (Spittler 2001, S. 629).

In anderen Worten: Die Pflege und der Erhalt einer als reizvoll empfundenen Kulturlandschaft sind gesellschaftlich erwünscht. Gerade in Bayern wird die landschaftliche Charakteristik mancher Regionen – und in diesem Zusammenhang auch die Kleinstrukturiertheit der Landwirtschaft – als Kulturgut wahrgenommen und kommuniziert.

Die Debatte um Energie aus Biomasse berührt an diesem Punkt also nicht nur die Frage nach der Kulturlandschaft, sondern auch jenen der klein- und mittelbäuerlichen Strukturen der Landwirtschaft. Teilweise verläuft die Diskussion hierbei verquer: Der Wirtschaftszweig der Energiegewinnung aus Biomasse wird oftmals mit dem Strukturwandel in der Landwirtschaft gleichgesetzt oder zumindest kausal in Verbindung gebracht. Dieser Strukturwandel setzte jedoch bereits vor dem Boom von Energie aus Biomasse ein und hat vielfältige gesellschaftliche wie ökonomische Ursachen. Darüber hinaus ist der viel-diskutierte Strukturwandel beispielsweise in Bayern gegenwärtig geringer als noch in den 1990er Jahren oder in den ersten Jahren dieses Jahrzehnts (Bayerisches Staatsministerium für Landwirtschaft und Forsten 2008, S. 31).

Landwirtschaft zur Energiegewinnung wird also unter den Aspekten der Kulturland-schaft in der gesellschaftlichen Debatte zum Thema gemacht: Diskutiert wird vor allem darüber, inwieweit etwaige nicht traditionelle Kulturpflanzen oder eine Monotonisierung durch wenige, spezielle Kulturpflanzen das gewohnte Landschaftsbild stören können. In diesem Zusammenhang ist jedoch auch zu bedenken, dass Energie aus Biomasse ebenso zum Erhalt und zur Pflege der Kulturlandschaft beitragen kann, da sie zahlreichen Bauern ihr ökonomisches Auskommen sichert.

Aus einer strikt normativen Perspektive ist erneut festzuhalten, dass sich aus derartigen Argumenten nur bedingt eine ethische Verpflichtung ableiten lässt. Historisch-kulturell argumentiert werden Pflanzen, die als „nicht heimisch" empfunden werden, oftmals als störend für das traditionelle Landschaftsbild kritisiert. Ästhetisch argumentiert wird über den vagen Begriff der Schönheit einer bestimmten Pflanze gestritten. Hierbei zeigt sich die Relativität derartiger Anschauungen: Welche Pflanze, welche Landwirtschaftsform und welche Ästhetik als typisch für eine Region empfunden wird, ist immer schon steter Ver-änderung unterworfen gewesen.

Im Sinne einer guten Beziehung zum Umfeld ist der Landwirt jedoch gut damit beraten, um die kulturellen und ästhetischen Besonderheiten der regionalen Kulturlandschaft zu wissen und – wenn möglich – zu berücksichtigen.

4.3.4   Der Wert der Natürlichkeit und die „Bewahrung der Schöpfung"

Die Unterteilung in „natürlich" und „künstlich" ist eine grundlegende Unterscheidung, die uns maßgeblich dabei hilft, die Welt und ihre Dinge zu ordnen. Idealtypisch wird unter dem Natürlichen dabei jenes verstanden, was vor und unabhängig vom Menschen existiert und unabhängig vom Menschen eine bestimmte Beschaffenheit aufweist; das Künstliche hingegen ist das, was nur durch den Menschen da ist oder nur durch den Menschen eine bestimmte Beschaffenheit hat (Birnbacher 2006, S. 1).

In zahlreichen Debatten – von Diskussionen über medizinische Verfahren bis hin zu Diskussionen über landwirtschaftliche Praxis – begegnet uns dabei eine eindeutige Ge-wichtung: Das Natürliche wird dem Künstlichen, das Gewachsene dem Gemachten vor-gezogen. Natürlichkeit erscheint als Wert an sich und genießt – wie man in verschiede-nen Argumentationen immer wieder bemerken kann – eine hohe Wertschätzung. Gemäß dem Slogan „*Nature knows best*" steht die Natur für das Optimale, das Ursprüngliche, das Wahre. Künstliche Eingriffe in dieses Natürliche werden als deformierend und entstellend wahrgenommen, ja teilweise sogar als Zeichen menschlicher Hybris.

Ein in diesem Kontext oft – wenn auch durchaus unterschiedlich – verwendetes Schlag-wort spricht von der „Bewahrung der Schöpfung". Nimmt man den religiösen Sinn dieses zentralen christlichen Topos ernst, verwundert es allerdings, wie selbstverständlich gegenwärtig die erlebbare und zutiefst kulturell geformte Natur mit der Schöpfung Gottes gleichgesetzt wird. Bereits ein flüchtiger Blick auf die biblische Verortung der Rede von der „Schöpfung" im 1. Buch Mose klärt darüber auf, dass es der Mensch nicht mit der Pflege einer vermeintlich unbefleckten Natur als „Paradies" zu tun hat, sondern – nach dem Sündenfall des ersten Menschen – mit einem „Acker", den der Mensch „mit Mühsal" zu bearbeiten und dessen Früchte bzw. Brot er „im Schweiße seines Angesichts" zu sich zu nehmen hat (vgl. 1 Mose 3,17 ff). Nirgendwo verklärte Natur, nirgendwo aber auch die Pflicht, sich bei der Kultivierung von Ackerbau allein auf Furchenstock und Erntemesser als technische Hilfsmittel zu beschränken.

In der christlichen Tradition wurde denn auch die Weiterentwicklung von Techniken der Landwirtschaft zumeist als Ausdruck christlicher Verantwortung für Ernährung und Wohlstand in der Schöpfung verstanden. Die tatsächliche „Bewahrung der Schöpfung" obliegt dagegen allein dem Schöpfer, der diese nicht nur einmal ins Leben ruft, sondern auch „ohne Unterlass erhält", wie Martin Luther (1986, S. 648) in seiner Auslegung zu dem ersten Glaubensartikel im „Großen Katechismus" schreibt.

Idealisierte Naturvorstellungen sind dabei keine Erfindung unserer Zeit, lassen sich jedoch seit der zweiten Hälfte des 20. Jahrhunderts verstärkt beobachten. Dies lässt sich auch durch empirische Studien belegen: Bei einer Befragung in Deutschland, bei der die Testpersonen ihre Assoziationen zum Begriff „Natur" nennen sollten, bejahten nur 17,5 % der Befragten die Aussage, dass der Mensch klüger sei als die Natur. 85,6 % hingegen stimmten der Aussage zu, dass Dinge aus der Natur perfekter seien als Dinge, die der Mensch fertigt. Dass menschliches Handeln leicht das Gleichgewicht der Natur zerstören kann, bejahten 93,4 % (vgl. Sawicka 2008, S. 177). Dies macht deutlich: Die Einsicht in die Fehlbarkeit menschlichen Handelns ist angesichts der beobachtbaren Umweltbeeinträchtigungen omnipräsent. Fungiert demgegenüber die Natur als „Religionsersatz", weil eine andere Kultur der Schöpfungsbewahrung nicht mehr überzeugt?

Die Vorstellung, dass die Ordnung der Natur perfekt ist und die Folge, dass menschliche Eingriffe in diese Ordnung als störend abgelehnt werden, sind auch aus philosophischer Perspektive grundsätzlich zu problematisieren:

Erstens findet hier eine nicht adäquate Idealisierung von Natur statt. Die Natur ist keineswegs ein statisches, harmonisches System, das nur durch menschliche Eingriffe verändert wird, vielmehr finden in der Natur selbst stets aufs Neue Umbrüche statt. Vorgänge und Prozesse der Natur werden also verklärt und als Vorbild für den Menschen ausgerufen. Die gebrachten Beispiele sind dabei in der Regel höchst selektiv: Als „natürlich" wird das bezeichnet, was wünschenswert erscheint. In Wahrheit jedoch vermag das „Natürliche" nicht als Orientierungshilfe für menschliches Handeln zu dienen. Der Soziobiologe Keil bringt diesen Gedanken provokativ mit folgendem Statement auf den Punkt: „Ein ausgebauter Wohlfahrtsstaat ist unnatürlich, Vergewaltigung dagegen natürlich." (zitiert nach Birnbacher 2006, S. 30).

Zweitens lässt sich menschliches Leben, das nicht in die Natur eingreift und sich nicht an der Natur abarbeitet, schlicht und ergreifend nicht denken.

Der moralische Alltagsbonus der „Natürlichkeit" berührt die Debatte über Landwirtschaft als Schnittstelle menschlichen Eingreifens in die Natur: Eingriffe in die Natur, noch dazu wenn sie höchst technisch vor sich gehen wie die energetische Verwertung von Biomasse, werden von manchen Menschen als Störung der natürlichen Ordnung empfunden. Versteht man „Natürlichkeit" jedoch nicht naiv als bloß passives Belassen von Natur, sondern als Wert einer anzustrebenden „Harmonie" von Mensch und Natur, dann hat in diesem kulturellen Konzept sowohl der Gedanke einer ökologischen Nachhaltigkeit als auch dessen Umsetzung mithilfe neuer technischer Innovationen Platz.

4.3.5   Die Vorstellung der Landwirtschaft als Idylle

Der gesellschaftliche Diskurs über Landwirtschaft findet nach wie vor häufig über eine Idyllisierung dieses Wirtschaftszweiges statt: Sowohl in den gängigen Agrarmarketingstrategien wie auch in Kinderbüchern oder Fernsehserien wird das bäuerliche Leben oftmals als idyllisch, beschaulich und harmonisch dargestellt. Ein Leben als Bauer bedeutet ein heiles Leben in und mit der Natur.

Diese Sehnsucht, die das bäuerliche Leben als einfach und friedlich skizziert, entsteht im urbanen Raum. Sie lässt sich als eine Reaktion zur städtischen Kultur verstehen (Dürnberger 2008, S. 48 f.; Birnbacher 2006, S. 20). Als Beispiel hierfür vermag die Epoche der industriellen Revolution gelten: „Der Prozess der Industrialisierung war von seinen Anfängen an begleitet durch eine Gegenbewegung, bei der die Natur als Gegenstück zur Kultur idealisiert und romantisiert wurde." (Sawicka 2008, S. 178). Die Industrialisierung brachte die Schattenseiten des urbanen Lebens in aller Deutlichkeit zu Tage: Umweltverschmutzung, problematische hygienische Zustände, Lärm, zu kleine Wohnungen und Arbeitsbedingungen, die vom Arbeitgeber streng diktiert wurden, führten zu einem Zivilisations- bzw. Stadtüberdruss. Die Natur und das bäuerliche Leben wurden zur Projektionsfläche dieser urbanen Frustration: Bauer zu sein erschien wie ein Leben im verlorenen Paradies, naturnah, selbstgenügsam, friedlich und ehrlich.

Diese Inszenierung als Idylle muss in Debatten über Landwirtschaft im Allgemeinen und über Energie aus Biomasse im Besonderen als Quelle von Kontroversen in Betracht gezogen werden. Ist der Landwirt ein Unternehmer, der sich die Ressource „Natur" zunutze macht, oder ist „Bauer sein" eine „existentielle" Daseinsform nahe an der Natur und der Ursprünglichkeit? Kaum eine andere Berufsgruppe sieht sich mit der hier zu Tage tretenden Divergenz zwischen „Beruf" und „Berufung" in dieser Intensität konfrontiert.

Bilder von bestimmten landwirtschaftlichen Praktiken werden oft als Bruch dieser Idylle empfunden, so hat eine moderne Biogasanlage oder ein hochtechnisierter Melkstand wenig mit der idealisierten Beschaulichkeit des bäuerlichen Lebens zu tun. Darin sehen nicht wenige einen Qualitätsverlust, den sie meist nicht genauer verbalisieren können. Besonders als neu empfundene Formen der Landwirtschaft bringen traditionell geprägte Vorstellungen darüber, wie bäuerliches Leben abläuft und abzulaufen hat, ins Wanken.

In diesem Zusammenhang ist ebenso eine kritische Anfrage an die Selbstinszenierung der Landwirtschaft zu stellen: Möglicherweise gilt es, die gängige Kommunikationsstrategie, Landwirtschaft als Idylle zu inszenieren, zu überdenken. Wo Idylle inszeniert wird, wo Sehnsüchte befriedigt werden, dort findet man vor allem in Krisenzeiten nur schwerlich zu einem sachdienlichen Ton im Diskurs zurück. Eine Aufgabe zukünftiger Forschungsarbeit könnte es daher sein, der Frage nachzugehen, wie im Agrarmarketing ein (realitätsnäheres) Bild der Landbewirtschaftung transportiert werden kann, das sich nicht in teilweise lebensfremden Ansprüchen an die Landwirtschaft niederschlägt.

4.3.6   Technikskepsis in der Wahrnehmung von Landwirtschaft

In Zusammenhang mit den beiden zuvor ausgeführten Punkten ist die Technikskepsis in der Wahrnehmung von Landwirtschaft zu verstehen. Hierbei gilt es zwei Arten zu unterscheiden: 1) Die Technikskepsis, welche mit den kulturellen Dimensionen der bäuerlichen Arbeit zusammenhängt, und 2) jene Skepsis, die konkreten Technologien im Umgang mit der Natur gegenüber zu beobachten ist.

1) Während der technische Fortschritt in anderen Wirtschaftszweigen (man denke an die Automobilindustrie oder den Informations- und Kommunikationstechnologiesektor) willkommen geheißen wird, steht die Bevölkerung der Technisierung der Landwirtschaft gegenwärtig oftmals skeptisch gegenüber: Landwirtschaftliche Produkte sollen möglichst „natürlich" und „ursprünglich" hergestellt sein. Ein hoher Technisierungsgrad wird dabei in der Regel kritisch gesehen.

Woran liegt es, dass Landwirtschaft hierbei so ganz anders von breiten Bevölkerungsschichten wahrgenommen und beurteilt wird? Warum heißt das Zauberwort in anderen Wirtschaftsformen „Fortschritt", während von der Landwirtschaft oftmals das genaue Gegenteil, nämlich Stillstand und Beschaulichkeit erwartet wird? Eine einfache, monokausale Antwort ist hierauf sicherlich nicht möglich, es ist jedoch zu vermuten, dass die beiden zuvor ausgeführten Gedanken – nämlich Natürlichkeit als allgemeiner Wert einerseits; Landwirtschaft als besonderer, als ursprünglich und idyllisch empfundener Berufsstand andererseits – hierbei eine zentrale Rolle spielen.

Wie bereits weiter oben diskutiert, werden Kultur, genauer Technik und menschliche Eingriffe, oftmals als „zerstörerische Gegenkraft zur guten und unverdorbenen Natur" (Sawicka 2008, S. 178) empfunden. Technische Innovationen auf einem Berufsfeld, das es primär mit dem Umgang mit der Natur, sprich mit dem Umgang mit dem Lebendigen zu tun hat, werden aus dieser Perspektive als heikel empfunden.

Dabei ist auch ein anderer Zugang denkbar: Landwirtschaft könnte ebenso – so wie andere Berufe – als eine frühe, primitive Wirtschaftsform verstanden werden, die im Lauf der Geschichte technisch verfeinert und verbessert wurde und immer noch wird. Aus dieser Perspektive wären technische Innovationen begrüßenswert. Allein, diese Sicht der Dinge ist gegenwärtig bei breiten Bevölkerungsgruppen nicht die vorherrschende.

Dieser Befund wird durch die gängigen Agrarmarketingstrategien belegt, in denen der technische Fortschritt so gut wie ausgeblendet wird: „Die neuesten Traktoren, Melkmaschinen oder Fütterungsanlagen sucht man auf den Hochglanzplakaten oder in den TV-Spots für Agrarprodukte meist vergebens. Technik und Innovation spielen keine Rolle, sie würden als Abfall von der Ursprünglichkeit das idyllische Bild bloß stören." (Dürnberger 2008, S. 50).

In der Wahrnehmung der Landwirtschaft spielt also die Idyllisierung einerseits und Technikskepsis andererseits eine bedeutende Rolle. Dieser grundsätzliche Befund gilt für jede Art der Landwirtschaft, also auch für den Nahrungsmittelanbau oder die Milchproduktion, er ist aber gerade für die Debatte über Energie aus Biomasse – als landwirtschaftliche Praxis, die als neu und hochtechnisiert empfunden wird – von besonderer Bedeutung.
2) Von dieser durch kulturelle Vorstellungen über die Landwirtschaft gespeisten Technikskepsis ist die zweite Form zu unterscheiden: Der deutschen Bevölkerung wird oftmals generell eine gewisse Technikskepsis zugesprochen. Dieser noch immer im medialen Diskurs oft verwendete Befund wird von der Forschung bereits seit gut einem Jahrzehnt in Frage gestellt. So zeigten empirische Untersuchungen, dass die deutsche Bevölkerung keineswegs eine pauschale Technikfeindlichkeit in ihren Einstellungen und Bewertungen zeigt, vielmehr wird zwischen unterschiedlichen Techniken und verschiedenen Anwendungsfeldern genau unterschieden (Zwick 1998).
Eine Technologie, die dabei bei bestimmten Bevölkerungsgruppen auf Ablehnung stößt, ist die sogenannte Grüne Gentechnik. Die Nutzung gentechnisch veränderter Organismen (GVO) in der Landwirtschaft wird vielerorts emotional diskutiert. Derartige GVO werden dabei von den Gegnern unter anderem als Grenzüberschreitung menschlichen Eingreifens in die Natur thematisiert.

Auch die Debatte über Energie aus Biomasse wird von diesem kontroversen Themenkomplex berührt: Kritiker befürchten, dass für die Energiegewinnung aus Biomasse verstärkt gentechnisch veränderte Pflanzen zum Einsatz kommen könnten. Energie aus Biomasse wird also von den Gegnern gentechnischer Veränderungen als „Türöffner" für die Grüne Gentechnik kritisiert.

Eine derartige thematische Verzahnung zweier Technologien, die in keinem notwendigen Zusammenhang stehen, ist dabei in der Diskussion hinderlich; die Debatte um Grüne Gentechnik ist vielmehr eigenständig zu führen. Die ethischen und kulturellen Implikationen dieser Technologie sind Aufgabenfelder eigener Forschungsarbeit und sollen im vorliegenden Kontext daher nicht weiter behandelt werden.

4.4 Zusammenfassung

4.4.1 Zusammenfassung der umweltethischen Diskussion

Insofern die Auswirkungen von Bioenergietechnologien auf die Umwelt je nach verwendeter Biomasse, Umwandlungstechnologie, Verhältnissen vor Ort und Regularien stark differenzieren, ist ein allgemein gehaltenes umweltethisches Urteil in der Form „Energie aus

Biomasse ist aus einer umweltethischen Perspektive zu befürworten bzw. zu unterlassen"
strikt abzulehnen. Allenfalls kann festgehalten werden, dass eine ökologisch nachhaltige
Produktion und Nutzung von Energie aus Biomasse bestimmte gesetzliche Regelungen
und einen gewissen Technisierungsgrad der eingesetzten Optionen voraussetzt. Beide Voraussetzungen sind in Deutschland grundsätzlich gegeben.

Die Erörterung zeigte, dass sich unter Berücksichtigung der Interessen von gegenwärtig
und zukünftig lebenden Menschen wie auch von nichtmenschlichem Leben ein ethisch
begründetes Gebot des Bodenschutzes, des Wasserschutzes, des Luftschutzes, des Klima-
schutzes wie auch des Schutzes der Biodiversität formulieren lässt. Da sich die Gebote des
Umweltschutzes aus dem Status der Teilbereiche bzw. ihrem Wert für menschliches Leben
ableiten, darf hierbei der Zweck der landwirtschaftlichen Praxis (beispielsweise ob die Felder für den Nahrungsmittelanbau oder für die Energieproduktion bestellt werden) keine
Rolle spielen. Vielmehr haben für jede Arbeit an und mit der Umwelt notwendigerweise
dieselben umweltethischen Kriterien zu gelten.

Es wurde festgehalten, dass der Landwirt dafür verantwortlich ist, die fundierten Prinzipien des Umweltschutzes auf seinem Grund und Boden zu berücksichtigen und umzu-
setzen. Strittig ist hingegen, inwieweit ein Handelnder für nicht-intendierte Folgen seines
Tuns verantwortlich zu machen ist. Wenngleich die primäre Verantwortung hierfür nicht
auf der Mikroebene, sondern auf der Ebene der internationalen politischen Rahmenbedingungen liegt, ist ein jeder Mensch dazu angehalten, Entscheidungen und seine Lebensführung hinsichtlich möglicher nicht-intendierter Umweltschäden zu reflektieren.

4.4.2 Zusammenfassung der sozialethischen Diskussion

Wie bei der umweltethischen, so ist auch im Rahmen der sozialethischen Erörterung ein
generalisierendes Urteil strikt abzulehnen. Die Gewinnung und Nutzung von Energie aus
Biomasse ist derart stark orts-, struktur- und anbauspezifisch, dass ihre Auswirkungen auf
die Mitmenschen stark differieren. Der Sehnsucht nach einem allgemeingültigen, endgül-
tigen Urteil ist also zu widerstehen.

Die entwickelte Ethische Matrix kann entsprechend nur Grundlage für eine sozialethische Analyse sein. Um zu einer ethischen Bewertung der Produktion von Biomasse zur
energetischen Nutzung zu gelangen, muss noch eine Abwägung durchgeführt werden, die
die unterschiedlichen identifizierten Interessen nach ihrem ethischen Gehalt gewichtet.
Diese ist erst dann möglich, wenn die Matrix an eine konkrete Fragestellung angewandt
und mit konkreten Inhalten gefüllt wurde.

Für eine derartige Abwägung divergierender Güter und Interessen gibt es leider keine
einfachen Regeln. Anleitungen zur Abwägung können allenfalls grobe Orientierung leisten, so ist beispielsweise festzuhalten: Je bedrohlicher die Nicht-Erfüllung eines Interesses
für das menschliche Leben ist, desto höheres moralisches Gewicht kommt diesem Interesse zu.

Damit wird klar, dass das höchste sich in der Diskussion um Energie aus Biomasse befindliche Gut das Interesse an sicherer und erschwinglicher Nahrung ist. Damit ist allerdings noch wenig gewonnen, denn: Dass das Bedürfnis nach modernen Energietechnologien – so entscheidend sie auch immer für unser Leben sein mögen – geringer zu gewichten ist als das Bedürfnis zu essen, ist absolut unstrittig und moralischer *common sense*. Inwieweit sich jedoch die Gewinnung von Energie aus Biomasse im regionalen Umfeld negativ auf die weltweite Nahrungssicherheit auswirkt, ist umstritten. Der Konflikt ist damit weniger eine ethische, denn eine sachliche Streitfrage, die man nur unter Berücksichtigung ökonomischer und politischer Expertise beantworten kann.

Bei weiteren zentralen Interessen wie der Erhaltung der natürlichen Lebensgrundlagen zeigt sich deutlich die Bedeutsamkeit des Referenzpunktes: Mit was wird die konkrete Technologie von Energie aus Biomasse verglichen? Vergleicht man sie mit fossilen Energieträgern wie Erdöl, mit anderen erneuerbaren Energieformen wie Sonnenenergie oder Windkraft oder vergleicht man Bioenergietechnologien untereinander? Auch hier zeigt sich, dass über Energie aus Biomasse nicht im „luftleeren Raum" gestritten werden sollte, vielmehr werden die Resultate und Konklusionen je nach definierten Referenzpunkten unterschiedlich ausfallen.

Kann die Matrix auch keine allgemeine Bewertung der Produktion und energetischen Verwertung von Biomasse leisten, so kann sie doch dazu dienen, einen wichtigen Teil des gesellschaftlichen Konfliktes mit relativ einfachen Mitteln transparent zu gestalten und mögliche Probleme aufzuzeigen. Beispielsweise ist es möglich, die Matrix in Bezug auf die Frage „Wie wirkt sich der Anbau und die energetische Verwertung von Biomasse in Bayern auf die Interessen der Betroffenen aus?" gemäß den Kriterien „mögliche positive Auswirkung" (grau), „keine Auswirkung bzw. aufgrund der großen Gestaltungsspielräume schwer zu beurteilen" (weiß) und „mögliche negative Auswirkungen" bzw. „mögliches Konfliktpotential" (schwarz mit weißer Schrift) einzufärben (Tab. 4.4).

Selbstverständlich kann die Matrix auch dazu dienen, andere Fragestellungen transparent zu diskutieren und anschaulich zu visualisieren; so zum Beispiel: Welche Betroffenen und ihre Interessen liegen in der unmittelbaren Verantwortung des Landwirtes, der regionalen Politik oder der internationalen Politik? In der entsprechenden Matrix (Tab. 4.5) markiert die Farbe Grau den unmittelbaren Verantwortungsbereich des Landwirtes.

Hieran zeigt sich, dass der unmittelbare Verantwortungsraum des Landwirtes erheblich geringer ausfällt als in der medialen und gesellschaftlichen Zuschreibung. Und selbst für die markierten Bereiche kann keine ausschließliche Verantwortung, sondern lediglich eine Mitverantwortung in unterschiedlichem Ausmaß festgestellt werden. An den in Tab. 4.5 markierten Feldern „Erhaltung der natürlichen Lebensgrundlage" wird nochmals deutlich, dass die soziale Verantwortung des Landwirtes zu einem bedeutsamen Teil über seine Verantwortung im Umgang mit der Natur definiert ist.

Tab. 4.4 Mögliche Auswirkungen von Bioenergie auf die Interessen der Betroffenen hinsichtlich der ethischen Prinzipien Wohlergehen, Autonomie und Gerechtigkeit: tendenziell positive (*grau*), tendenziell negative bzw. mit Konfliktpotential behaftet (*schwarz mit weißer Schrift*), keine Auswirkung bzw. aufgrund der großen Gestaltungsspielräume schwer zu beurteilen (*weiß*)

Prinzip / Betroffene	Wohlergehen	Autonomie	Gerechtigkeit
Landwirte	Ökonomisches Auskommen / Gute Arbeitsbedingungen	Wahlfreiheit zwischen Anbau-kulturen und Nutzungspfaden	Konkurrenzfähigkeit
Verwerter	Ökonomisches Auskommen / Gute Arbeitsbedingungen		Verlässlichkeit politischer Rahmen-bedingungen
Energie-konsumenten	Qualitativ hochwertige, sichere und erschwingliche Energieversorgung	Wahlfreiheit zwischen Energiequellen / Steigerung der Souveränität der Energieversorgung	
Regionale Nahrungsmittelk onsumenten	Sichere, hochwertige und erschwingliche Nahrung	Erfüllung der Grundbedürfnisse als Basis von Autonomie	
Internationale Nahrungsmittel-konsumenten	Sichere, hochwertige und erschwingliche Nahrung	Erfüllung der Grundbedürfnisse als Basis von Autonomie	Internationale Gerechtigkeit
Menschen der Region	Erhaltung der natürlichen Lebensgrundlage / Wirtschaftliche Stärkung der Region / Keine maßgebliche Verminderung der Lebensqualität (durch Lärm, Gestank,…)	Partizipation / Erhöhung der regionalen Autonomie	Konkurrenzfähigkeit im Vergleich mit anderen Regionen
Steuerzahler			Sinnvolle Verte der Steuergelder
Mitmenschen (international)	Erhaltung der natürlichen Lebensgrundlage	Lebensgrundlage als Basis von Autonomie	Internationale Gerechtigkeit
Zukünftige Generationen	Erhaltung der natürlichen Lebensgrundlage	Erhaltung der Lebenschancen	Intergenerationelle Gerechtigkeit
Sonstige			

Tab 4.5 Unmittelbarer Verantwortungsbereich des Landwirtes (*grau*) bezüglich der Interessen der durch Bioenergie Betroffenen hinsichtlich der ethischen Prinzipien Wohlergehen, Autonomie und Gerechtigkeit

Prinzip Betroffene	Wohlergehen	Autonomie	Gerechtigkeit
Landwirte	Ökonomisches Auskommen / Gute Arbeitsbedingungen	Wahlfreiheit zwischen Anbaukulturen und Nutzungspfaden	Konkurrenzfähigkeit
Verwerter	Ökonomisches Auskommen / Gute Arbeitsbedingungen		Verlässlichkeit politischer Rahmen-bedingungen
Energie-konsumenten	Qualitativ hochwertige, sichere und erschwingliche Energieversorgung	Wahlfreiheit zwischen Energiequellen / Steigerung der Souveränität der Energieversorgung	
Regionale Nahrungsmittelk onsumenten	Sichere, hochwertige und erschwingliche Nahrung	Erfüllung der Grundbedürfnisse als Basis von Autonomie	
Internationale Nahrungsmittel-konsumenten	Sichere, hochwertige und erschwingliche Nahrung	Erfüllung der Grundbedürfnisse als Basis von Autonomie	Internationale Gerechtigkeit
Menschen der Region	Erhaltung der natürlichen Lebensgrundlage / Wirtschaftliche Stärkung der Region / Keine maßgebliche Verminderung der Lebensqualität (durch Lärm, Gestank,...)	Partizipation / Erhöhung der regionalen Autonomie	Konkurrenzfähigkeit im Vergleich mit anderen Regionen
Steuerzahler			Sinnvolle Verteilung der Steuergelder
Mitmenschen (international)	Erhaltung der natürlichen Lebensgrundlage	Lebensgrundlage als Basis von Autonomie	Internationale Gerechtigkeit
Zukünftige Generationen	Erhaltung der natürlichen Lebensgrundlage	Erhaltung der Lebenschancen	Intergenerationelle Gerechtigkeit
Sonstige			

4.4.3 Zusammenfassung der kulturellen Diskussion

Wie erläutert weisen die kulturellen, historischen oder auch ästhetischen Anschauungen nur einen sehr vagen Verpflichtungscharakter auf. Um hierfür ein Beispiel zu bringen: Wenn das regionale Umfeld die energetische Verwertung einer Kulturpflanze aufgrund ihrer symbolischen Bedeutung ablehnt, ist kein unbedingt geltendes ethisches Gebot daraus abzuleiten, diese Pflanze nicht länger dem energetischen Verwertungspfad zuzuführen. Auch wenn „Kultur" nicht unmittelbar normiert, wirkt sie dennoch prägend auf die Überzeugungen, mit denen Personen angesichts von Innovationen moralisch Stellung nehmen. Zugleich ist es aber gerade der geschichtlich vermittelte Gemeinschaftszusammenhang von Kultur, der in der Auseinandersetzung um das Themenfeld „Technik und Natur" moderierend und historisch aufklärend wirken kann.

Welche Handlungsempfehlungen lassen sich für den Landwirt aus der geschilderten Diskussion der kulturellen Aspekte gewinnen? Ein gütliches Zusammenleben erschöpft sich nicht in einem Rückzug auf ethisch fundierte Argumente. Zum Zwecke des sozialen Friedens und einer guten Nachbarschaft ist der Landwirt also gut beraten, erstens um derartige kulturelle Vorbehalte und Anschauungen zu wissen, und sie zweitens – in welcher Form ihm dies auch immer möglich ist – zu berücksichtigen. Dies kann derart erfolgen, dass er von zwei wirtschaftlich gleichrangigen Optionen jene wählt, die kulturellen Wertzuschreibungen im Verhältnis zur anderen weniger verletzt. Andererseits ist bereits allein die Thematisierung dieser Themenfelder ein wesentlicher Schlüssel für die Entschärfung eines etwaigen Konflikts mit dem regionalen Umfeld.

Denn eines zeigen die oberen Ausführungen deutlich: Will man die Diskussion transparent gestalten und den Konflikt versachlichen, so genügt es nicht, eine Abwägung von Risiken und Nutzen der Bioenergietechnologien vorzunehmen. Der Konflikt erschöpft sich eben nicht in einer Kosten-Nutzen-Rechnung, sondern ist von emotionalen, kulturellen Aspekten gespeist. Dieser Befund ist für Kommunikationsmaßnahmen, die eine höhere Akzeptanz von Energie aus Biomasse herstellen wollen, von zentraler Bedeutung: Eine Ausblendung der kulturellen Dimensionen und eine Fokussierung auf die Chancen-Risiken-Abwägung bedeutet eine nicht adäquate Reduktion der Debatte und ihrer Komplexität. Sollen z. B. partizipative Diskussionsprozesse als Maßnahme der Einbindung der Öffentlichkeit erfolgreich sein, müssen sie die kulturellen Aspekte aktiv zum Thema machen. In der Landwirtschaft geht es nicht nur um die gewachsene und gepflegte Natur einer Landschaft, sondern auch um die Kultur eines Berufsstands.

Generell geht es in der Debatte um Energie aus Biomasse stets auch um einen gesellschaftlichen Aushandlungsprozess über Landwirtschaft: Reden wir über Energie aus Biomasse, so reden wir immer auch über die Rolle der Landwirtschaft, über alte und neue Agrarkonzepte und über Fragen, welche Formen der Landwirtschaft gesellschaftlich gewünscht und als zukunftsträchtig angesehen werden.

Die Debatte um Energie aus Biomasse könnte hierbei als Ausgangspunkt einer grundsätzlichen und offenen Debatte über zeitgemäße und zukunftsfähige Konzepte der Landwirtschaft dienen, welche Landwirtschaft gleichermaßen als gewinnorientiertes Unternehmen mit pluralen Produktionspfaden wie auch als eine traditionell und kulturell maßgebliche Sozial- und Lebensform ernst nimmt.

Fallbeispiele

Die Gewinnung und Nutzung von Energie aus Biomasse hat sich im Rahmen der bisherigen Diskussion als stark orts-, struktur-, anbau- und nutzungsspezifisch herausgestellt. Ihre Diskussion hat daher fallbezogen an konkreten Szenarien stattzufinden.

Das vorliegende Buch versucht diesem zentralen Resultat Rechnung zu tragen, indem es eine ethische Diskussion dreier Fallbeispiele leistet. Hierbei wird mit Biogasgewinnung aus Hirsen der Gattung Sorghum ein in Deutschland relativ neues Verfahren untersucht, sowie mit Rapsölkraftstoff aus dezentraler Ölgewinnung und Weizen zur Herstellung von Bioethanol zwei bereits etablierte Verfahren. Zur weiteren Konkretisierung werden die Fallbeispiele mit Fokus auf Bayern diskutiert.

5.1 Drei beispielhafte Nutzungspfade von Energiepflanzen

5.1.1 Biogasgewinnung aus Sorghum

In landwirtschaftlichen Biogasanlagen werden häufig tierische Exkremente und Energiepflanzen als Substrat eingesetzt, um daraus durch anaerobe Vergärung Biogas zu erzeugen. Das entstandene Gas wird in Blockheizkraftwerken (BHKW) in der Regel mit Zündstrahl- oder Gas-Otto-Motoren verbrannt und liefert Strom und Wärme. In manchen Fällen wird das Biogas, das zu ca. 55 % aus Methan besteht, in Aufbereitungsanlagen gereinigt und als Biomethan ins Erdgasnetz eingespeist. Zusätzlich verbleiben bei der Biogaserzeugung je nach Ausgangssubstrat Gärrückstände, die als hochwertige, organische Düngemittel verwendet werden.

Die Verabschiedung des Erneuerbare-Energien-Gesetzes (EEG) 2000 sowie dessen Novellierungen 2003, 2004 und 2009 sorgten für einen bis dahin noch nicht da gewesenen Aufschwung der Biogaserzeuger in Deutschland, so dass 2005 die Zahlen an Biogasanlagen rapide anstiegen (Aschmann et al. 2007; Döhler und Lorbacher 2004). Demzufolge

M. Zichy et al., *Energie aus Biomasse - ein ethisches Diskussionsmodell*,
DOI 10.1007/978-3-658-05220-1_5, © Springer Fachmedien Wiesbaden 2014

hat sich auch der Bedarf an Substraten für Biogasanlagen vergrößert. Seit der Novellierung 2012 hat sich der Zu- bzw. Ausbau von neuen Biogasanlagen zwar verlangsamt, der
Substratbedarf durch Bestandsanlagen ist jedoch unverändert hoch. Derzeit gilt Mais als
die bedeutendste Energiepflanze für Biogasanlagen, weil er aufgrund langjähriger Züch-
tung hohe Biomasse- und somit hohe Gaserträge je Flächeneinheit liefert. Da vor allem
Mais angebaut wird, ist eine Diversifizierung der Energiepflanzen beispielsweise zur Erhöhung der Biodiversität oder Risikostreuung gefragt. Für die Biogaserzeugung eignen
sich auch andere Kulturpflanzen wie beispielsweise Sorghum. Durch großes vorhandenes
Züchtungspotential ist damit zu rechnen, dass in naher Zukunft immer mehr ertragsstar-
ke Sorghumsorten auf den Markt kommen, die sich Mais gegenüber als konkurrenzfähig
erweisen.

Dieses Fallbeispiel steht stellvertretend für einen neuen Verwertungspfad, der sich im
Vergleich zum Maisanbau und dessen Verwertung in der Biogasanlage noch kaum etabliert hat.

5.1.2 Rapsölkraftstoff aus dezentraler Ölgewinnung

Aus Rapssaat können sowohl in industriellen Ölmühlen als auch in dezentralen Kleinanlagen Rapsöl und Rapsextraktionsschrot bzw. Rapspresskuchen produziert werden. Bei
Erzeugnissen aus zentralen Ölmühlen handelt es sich in der Regel um heißgepresste, mit
Lösungsmittel extrahierte und (voll-)raffinierte Pflanzenöle. Unter dem Begriff Raffina-
tion sind die Verfahrensschritte Entschleimung, Neutralisation, Bleichung und Desodo-
rierung zusammengefasst. Bei diesen Verfahren werden Lösungsmittel, Chemikalien und
Wasser aufgewendet und es fallen Abwasser und Abfallstoffe an. Dagegen werden in dezentralen Anlagen durch schonende Ölsaatenverarbeitung sogenannte kaltgepresste Pflanzenöle hergestellt, die meist keine Raffinationsschritte durchlaufen. Die Rapssaatqualität,
der Abpressvorgang und die Ölreinigung (Fest-Flüssig-Trennung) nehmen deshalb bei der
dezentralen Ölsaatenverarbeitung großen Einfluss auf die Ölqualität, die besonders bei der
Rapsölkraftstoffherstellung beachtet werden muss. Außerdem unterscheiden sich die beiden Verfahren in der Ölausbeute und damit auch im Restfettgehalt des Extraktionsschrots
beziehungsweise des Presskuchens (Remmele 2009).

Bei der Ölsaatenverarbeitung entsteht einerseits ein vielseitiges Pflanzenöl (ein Drittel
der Masse) und andererseits hochwertiges Eiweißfuttermittel (zwei Drittel der Masse).
Knapp drei Viertel der dezentralen Ölmühlen in Deutschland sind auf die Herstellung
von Rapsölkraftstoff spezialisiert. Die Speiseöl- und Futterölherstellung sowie auch die
Bereitstellung von Öl für die Umesterung sind ebenfalls Absatzwege, die die Ölmühlenbetreiber nutzen. Der erzeugte Presskuchen wird zu fast 100 % in der Tierernährung eingesetzt.

Das Fallbeispiel wird stellvertretend für ein Verfahren betrachtet, das sich bereits etabliert hat.

5.1.3 Weizen zur Bioethanolgewinnung

Bioethanol entsteht durch die alkoholische Gärung von zucker- oder stärkehaltigen Rohstoffen. Geeignete zucker- und stärkehaltige Pflanzen sind z. B. Zuckerrübe, Zuckerrohr, Kartoffel und Getreide. Während in den USA und anderen europäischen Ländern Bioethanol meist aus Mais und in Brasilien aus Zuckerrohr hergestellt wird, ist in Deutschland vor allem der Gebrauch von Getreide und Zuckerrüben zur Bioethanolproduktion verbreitet. Durch die Fermentation (alkoholische Gärung) der Maische entsteht Alkohol. Hierzu wird die Stärke der Körner (z. B. Weizen) durch verschiedene Aufbereitungsstufen zu Glukose umgewandelt. Anschließend entsteht unter Zugabe von Hefe in Fermentationsbehältern Bioethanol. Der hochprozentige Alkohol wird dann durch Destillation aus der Maische gewonnen. Durch eine anschließende Absolutierung kann reines Bioethanol erzeugt werden. Das Koppelprodukt Schlempe dient als eiweißreiches Futtermittel, das entweder direkt verfüttert werden kann oder zu Trockenschlempe (DDGS = *dried distillers grains with solubles*) eingedampft wird. Derzeit wird die Nutzung von cellulosehaltigen Agrarreststoffen wie z. B. Stroh zur Bioethanolgewinnung erforscht, wobei über Enzyme oder über Thermodruckverfahren die Lignocellulose aufgetrennt und Hemicellulose sowie Cellulose zu vergärbaren Sacchariden gespalten werden.

Einerseits wird Bioethanol in bereits vorhandenen kleinen Brennereien hergestellt, was derzeit für die Verwendung als Kraftstoff jedoch noch keine gängige Praxis ist. Andererseits wird Bioethanol bereits in großtechnischen Anlagen produziert.

Bioethanol kann als Trinkalkohol, im industriellen Bereich und als Kraftstoff für Mobilität Verwendung finden. Hierbei kann Bioethanol als Ersatz für Benzin und Superkraftstoffe dienen (Kaltschmitt et al. 2009). In den letzten Jahren hat der Verbrauch an Bioethanol in Deutschland vor allem durch den in Verkehr zu bringenden Mindestanteil (§ 37a BImschG) stetig zugenommen. Momentan liegt die zugelassene Beimischungsquote für Ottokraftstoffe bei maximal 10 % (E10). Bei einem Bioethanolanteil von 85 % im Benzin wird von E85 gesprochen (was in Deutschland oft als Reinkraftstoff bezeichnet wird). Bisher gibt es für E85 noch kein deutschlandweites Tankstellennetz. Mittlerweile etabliert sich ein langsam wachsender Markt für den Vertrieb von Flexible-Fuel-Vehicles (FFV), die mit E85 betrieben werden können. Zusätzlich kann aus Bioethanol ETBE (Ethyltertiärbutylether) erzeugt werden, welcher wie Methyltertiärbutylether zur Verbesserung der Klopffestigkeit dem Ottokraftstoff beigemischt wird. Dies ist bereits gängige Praxis und wird als Beimischungsanteil angerechnet.

Dieses Fallbeispiel steht stellvertretend für eine Technologie, die sich ebenfalls schon etabliert hat, auch wenn der Vertrieb entsprechender Kraftfahrzeuge für den Reinkraftstoff E85 (FFV) in Deutschland nur langsam zunimmt.

5.2   Umweltethische Diskussion

5.2.1   Anbau

Die Anbaumaßnahmen aller einjähriger Ackerkulturen und ihre Umweltauswirkungen sind in der Regel sehr ähnlich, deshalb gibt es im Vergleich zwischen den Früchten in den Fallbeispielen Sorghum, Raps und Weizen ebenfalls nur marginale Unterschiede. Die Ertragserwartungen einer Kultur und Sorte können sich je nach Region zuweilen stark unterscheiden und sind unabhängig vom Nutzungspfad. Einen großen Einfluss auf die schützenswerte Umweltbereiche Boden, Wasser, Luft, Klima und Biodiversität haben vor allem:

- Standortfaktoren (wie z. B. Bodenart und -qualität, Niederschläge, Temperatur)
- Landnutzungsänderung (z. B. Dauerkultur zu Ackerland)
- Art und Weise der Bewirtschaftung (z. B. extensive oder intensive wie auch ökologische oder konventionelle Bewirtschaftung)
- Fruchtfolge (z. B. Verhältnis Halmfrüchte zu Blatt- und Hülsenfrüchten oder mehrjährige Ackergräser)
- Zusätzliche, über die gesetzlichen Grundanforderungen hinaus gehende Maßnahmen für den Umweltschutz

Die Option, zusätzliche Maßnahmen für den Umweltschutz zu ergreifen, steht jedem Landwirt frei. Eine zusätzliche Förderung von Biodiversität kann er neben oder in der landwirtschaftlich genutzten Fläche unternehmen – beispielsweise durch die Anlage von Hecken oder Lerchenfenstern. Die Bildung eines Lerchenfensters bedeutet, eine Fehlstelle im Acker zu lassen, auf der keine Frucht angebaut wird, sondern eine Brache vorliegt, die für im Feld nistende Vogelarten wie u. a. Grauammer, Rebhuhn, Lerche und Wachtel vor Räubern besseren Schutz bietet als der Feldrand.

Aus umweltethischer Sicht ist es unerheblich, ob der Landwirt seine Felder für den Anbau von Nahrungsmitteln oder für den Anbau von Energiepflanzen verwendet. In der Regel werden auf Ackerflächen einjährige Früchte angebaut. Die jeweiligen Standortfaktoren wie Sonneneinstrahlung, Temperatur, Wasser, Boden, Nährstoffe und Humusreproduktion, sowie die verwendeten Anbautechniken und Pflegemaßnahmen beeinflussen den Anbau wesentlich stärker als die geplante Verwertung.

Jedoch können sich gewisse Unterschiede zwischen dem Anbau von Pflanzen zur Nahrungsmittelgewinnung und jenen zu Energiezwecken bezüglich der Einhaltung/Erreichung gewisser Qualitätsmerkmale ergeben, die bei Energiepflanzen oftmals geringer sind. Dies kann einen reduzierten Pflanzenschutz- und Düngemittelaufwand mit sich bringen und birgt somit weniger Risiken negativer Umweltbelastungen. So spielt beispielsweise bei der energetischen Verwendung von Getreide (Ganzpflanzensilage oder Korn für Biogas, Korn für Ethanol) die Qualität eine geringere Rolle, so dass Pilzbefall in einem höheren Maß toleriert werden kann. Dies kann allerdings Einschränkungen der Verwendung der anfallenden Schlempe (Koppelprodukt bei der Ethanolproduktion) als Tierfutter mit sich bringen.

Bei der momentan eher geringen Ausdehnung von **Sorghumflächen** in Deutschland ist ein Befall mit Schädlingen oder Krankheitserregern bisher unerheblich, so dass in der Regel außer Herbiziden keine weiteren Pflanzenschutzmittel eingesetzt werden. Dies könnte sich jedoch ändern, wenn sich der Sorghum-Anbau ausdehnt. Bei **Raps** kommt es aufgrund von der Ausdehnung, Konzentration und Intensivierung des Anbaus meist zu vergleichsweise hohem Einsatz von Pflanzenschutzmitteln, daher haben befallsvorbeugende Maßnahmen eine große Bedeutung. Eine Flächenausdehnung oder eine weitere Intensivierung an Standorten mit schon enger Fruchtfolge kann nicht empfohlen werden. Bezogen auf die Folgefrucht wirkt sich Raps sehr positiv aus, da aufgrund der guten Durchwurzelung der Pfahlwurzeln des Rapses und die Ernterückstände die Folgefrüchte bessere Erträge erzielen können. Somit ist Raps in der Fruchtfolge grundsätzlich sehr wertvoll. Der **Weizenanbau** ist bezogen auf die Fruchtfolge in Deutschland noch nicht ausgereizt, wobei auch hier regional enge Fruchtfolgen praktiziert werden.

In Deutschland sind Mindestanforderungen zum Umweltschutz durch das deutsche Fachrecht geregelt und Verstöße werden geahndet. Hierzu gilt es, die Grundanforderungen wie zum Beispiel die Grundwasserrichtlinie, die Richtlinie zum Schutz der Gewässer vor Verunreinigung durch Nitrat aus landwirtschaftlichen Quellen, die Richtlinie über das Inverkehrbringen von Pflanzenschutzmitteln oder die Klärschlammverordnung einzuhalten, welche zusätzlich in Cross Compliance gefordert sind. In der EU müssen die „anderweitigen Verpflichtungen" (Cross Compliance) eingehalten werden damit EU-Direktzahlungen gemäß der aktuellsten Verordnung (EG) Nr. 73/2009 erstattet werden. Neben den Vorgaben von Cross Compliance gibt es in Bayern zusätzlich Fördermaßnahmen des ländlichen Raums gemäß Verordnung (EG) Nr. 1698/2005. Hier sind zum Beispiel die Ausgleichszulage in benachteiligten Gebieten, das Bayerische Kulturlandschaftsprogramm oder das Bayerische Vertragsnaturschutzprogramm von Bedeutung. In Bayern obliegt die Kontrolle der Landwirte bezüglich der Einhaltung der Cross Compliance-Verpflichtungen den in Bayern zuständigen Fachrechtsbehörden oder den Zahlstellen. Grundsätzlich schreibt das EU-Recht vor, dass mindestens 1 % der Betriebe vor Ort auf die Einhaltungen der Vorschriften kontrolliert werden müssen. Bei Verstößen können Kürzungen der Zahlungen festgelegt werden.

Einen bedeutenden Unterschied zwischen der Nahrungsmittel- und der Energiepflanzenerzeugung gibt es jedoch bei den gesetzlichen Vorgaben zur Landnutzungsänderung. In der Biomassestrom- und Biokraftstoff-Nachhaltigkeitsverordnung werden Landnutzungsänderungen strikt geregelt und die Biomasseproduktion, die diesem nicht entspricht, als „nicht nachhaltig" eingestuft. Diese zusätzlichen Verordnungen gibt es bezogen auf den Anbau von Nahrungsmitteln nicht. Hierbei gelten „nur" die allgemeinen Naturschutzprogramme oder Cross Compliance-Vorgaben, die den Energiesektor jedoch gleichermaßen betreffen. Eine Einschränkung, die über die üblichen Programme oder Vorgaben hinaus geht, bezieht sich beim Anbau von Nahrungsmitteln lediglich auf den Grünlandumbruch, der nach EU-Vorgaben im Vergleich zum Stand 2003 für maximal fünf Prozent des Grünlands erlaubt ist.

Zusammenfassend ist festzuhalten, dass sich jede landwirtschaftliche Maßnahme, unabhängig von den gewählten Pflanzen und den Nutzungspfaden (z. B. Nahrung, Energie etc.), zu einem Mindestanteil auf die Umwelt (Boden, Wasser, Luft, Klima und Biodiversität) auswirkt. Nicht nur aus gesetzlicher, sondern auch aus ethisch-moralischer Perspektive ist der Landwirt dazu verpflichtet, diese Auswirkungen zu begrenzen, wenn nicht zu minimieren, und somit sicherzustellen, dass die Anbauflächen auch zukünftig der Pflanzenproduktion dienen können.

5.2.2   Nutzungspfad

Boden Durch jeglichen Bau von Gebäuden und Straßen kommt es zur Versiegelung von Fläche, also zu einer Landnutzungsänderung. Die Auswirkungen auf die Bodenflora und -fauna liegen auf der Hand und müssen nicht weiter diskutiert werden. Jedoch werden je nach geplanter Anlagengröße und somit Flächenversiegelung vom Gesetzgeber Ausgleichsmaßnahmen vorgeschrieben und im Speziellen vom Land oder der Kommune, durch Vergabe von Auflagen an den Anlagenbetreiber, umgesetzt. Die Größe der Verwertungsanlage hat Auswirkungen auf die Maschinenlaufzeit, z. B. aufgrund der Transportwege, die je nach Einzugsgebiet der Rohstoffe variieren. Unter Umständen müsste das Verkehrsnetz für ein erhöhtes Verkehrsaufkommen ausgebaut und somit weitere Flächen versiegelt werden.

Kommt es zu einer Ausdehnung der Anbauflächen einzelner Kulturen im Zuge der Anlagenbelieferung, kann dies zu einem erhöhten Befallsdruck von Krankheiten und Schädlingen und somit zu erhöhtem Einsatz von Pflanzenschutzmitteln führen, was sich wiederum negativ auf den Boden auswirken kann.

Biogasanlagen werden je nach Größe an einen landwirtschaftlichen Betrieb angegliedert und benötigen vor allem bei Großanlagen viel Grund sowie erhebliche Flächen zur Erzeugung von Biogassubstrat. Der Flächenbedarf für dezentrale **Ölmühlen** ist relativ gering, da diese in der Regel in bereits bestehenden Gebäuden untergebracht werden. Bei einer industriellen **Bioethanolanlage** kann hingegen wesentlich mehr Boden durch die bauliche Maßnahme betroffen sein. Für eine Bewertung müsste die Relation der Flächenversieglung zur Erzeugung der gleichen Energiemenge einbezogen werden.

Wasser Wenn bei der Verwertung von Biomasse Brauchwasser benötigt wird und Abwässer entstehen, so müssen letztere den jeweiligen Auflagen entsprechend aufbereitet und entsorgt bzw. wiederverwertet werden. Es gibt aber auch Nutzungspfade, bei denen so gut wie kein Abwasser entsteht, da es sich entweder um geschlossene Systeme handelt oder so gut wie kein Wasser zum Einsatz kommt. Das Verfahren der **Biogasgewinnung** wird als geschlossenes System betrachtet, bei dem alle anfallenden Abwässer im Gärrestlager gesammelt werden. Je nach Verfahren kann es allerdings bei der Biogasaufbereitung zu höherem Wasserverbrauch kommen. Beim Prozess der dezentralen **Ölgewinnung** wird kaum Brauchwasser benötigt. Die Lagerung von Rapsölkraftstoff ist unproblematisch, da Rapsöl als nicht wassergefährdend eingestuft ist. Bei der **Bioethanolherstellung** wird zur

Erzeugung einer Maische dem Rohstoff, z. B. Weizenkörnern, Wasser zugegeben. Allerdings ist der Wasserverbrauch als minimal einzuschätzen, insbesondere wenn dieses zur Wiederverwertung rückgewonnen wird.

Luft Emissionen, die die Luft belasten, entstehen bei allen Herstellungsprozessen, vom Anbau bis hin zur Verwertung und Verwendung, wie z. B. beim Einsatz von Maschinen, bei Verbrennung oder bei Lagerung, Umladen etc. Dabei kann es sich um Staub-, Gas- und Geruchsemissionen handeln, deren Vermeidung oberste Priorität haben sollte und zum Großteil über Gesetze geregelt ist.

Um Emissionen über Treibstoffverbrennung zu vermeiden, sind die Transportwege und Maschinenlaufzeiten möglichst kurz zu halten bzw. wenn realisierbar zu vermeiden. Je nach Größe der Verwertungsanlage muss mit erhöhtem Fahraufkommen und längeren Transportwegen gerechnet werden und somit mit erhöhten partikulären, gasförmigen und Geräuschemissionen. Geschlossene Verarbeitungs-, Lager- und Verpackungshallen mit entsprechenden Filtern dämmen Emissionen dort ablaufender Arbeitsschritte ein. Bei Maschinen, Kesseln oder Fabriken kommen moderne Filteranlagen zum Einsatz, um Emissionsgrenzwerte nach dem Bundes-Imissionsschutzgesetzes (BImSchG), geregelt über die Verordnungen (BImSchV), einzuhalten. Leckagen müssen vermieden werden, um ungehindertes Austreten von Luftschadstoffen zu verhindern. Insgesamt sollte ein sparsamer Umgang mit Energie stattfinden, Arbeitsprozesse effizient gestaltet und Technik modernisiert werden, um Emissionen gering zu halten.

Bei einer **Biogasanlage** kommt es zu Emissionen, die auch bei der Lagerung von Wirtschaftsdüngern entstehen, wie Ammoniak und Geruchsstoffen, sowie klimarelevante Gase (Methan und Lachgas), sollte kein gasdicht abgedeckter Nachgärer genutzt werden. Im Gegensatz zu Methanemissionen entstehen Ammoniakemissionen unabhängig von der anaeroben Vergärung. Das heißt, vergorene Gülle (Gärrest) emittiert ähnlich viel Ammoniak wie unbehandelte Milchvieh- oder Schweinegülle (Amon und Döhler 2005). Beim Verbrennen des Biogases in den eingesetzten BHKW entstehen Schadstoffe wie beispielsweise Kohlenmonoxid, Stickstoffoxide, Schwefeloxide, Staub, Kohlenwasserstoffe und Formaldehyd. Die Emissionsgrenzwerte von **Ölmühlen** und **Bioethanolanlagen** sind allgemein im Bundes-Immissionsschutzgesetz und über die Verordnungen (BImSchV) und Vorschriften (TA-Luft) geregelt. Bei der energetischen Nutzung von Rapsölkraftstoff und Bioethanol in dafür geeigneten Motoren werden wiederum Staub, NO_x, CO_2 und weitere Schadstoffe emittiert, wobei die Grenzwerte hierfür ebenfalls gesetzlich geregelt sind.

Klima Für die Entstehung klimarelevanter Gase gilt selbiges wie für die Luftemissionen, sie entstehen bei allen Herstellungsprozessen und der energetischen Verwertung der Produkte. Allerdings handelt es sich hierbei um strahlungsbeeinflussende gasförmige Stoffe, die die Wärmestrahlung, die in die Atmosphäre entweichen würde, absorbieren und auf die Erde zurückleiten, wodurch diese sich erwärmt. Klimarelevante Gase können anthropogenen oder natürlichen Ursprungs sein. Politische Bemühungen, klimarelevante Emissionen zu reduzieren, vor allem in den Industrienationen, sind u. a. im Kyoto-Protokoll festgehalten. Die dort reglementierten Gase sind Kohlendioxid (CO_2), Methan (CH_4), Lachgas (N_2O), teilhalogenierte Fluorkohlenwasserstoffe (H-FKW/PFC), Perfluorierte Kohlenwasserstoffe (FKW/PFC) und Schwefelhexafluorid (SF6) (Bundesministerium für Umwelt, Naturschutz und Reaktorsicherheit 2010). Weitere wirksame Treibhausgase (THG) sind Ozon, Wasserdampf und Stickstofftrifluorid.

Um Treibhausgasemissionen zu verringern oder zu vermeiden, ist ein sparsamer Umgang mit Energie unerlässlich, beispielsweise durch Vermeidung von unnötigen oder langen Maschinenlaufzeiten und Anwendung effizienter Technologien. Es können ebenfalls Filter und Katalysatoren zum Einsatz kommen, um Emissionen zu mindern, und Leckagen müssen verhindert bzw. beseitigt werden. Darüber hinaus können Unternehmen im Falle hoher Kosten für die Emissionssenkung in ihrer Betriebsanlage über Emissionshandel Emissionsrechte von anderen Unternehmen zukaufen, die ihre zugewiesenen Emissionsberechtigungen unterschreiten bzw. nicht benötigen. Es werden Rechte an emissionshandelspflichtige Anlagen vergeben, die Luft mit einer festgelegten Gesamtmenge an Treibhausgasen zu belasten. Wer seine Treibhausgasemissionen senkt, kann die übrigen Rechte verkaufen. Durch dieses im Jahr 2005 in Europa eingeführte System, welches zu den sogenannten Kyoto-Mechanismen gehört, soll ein ökonomischer Anreiz geschaffen werden, Emissionen dort zu senken, wo dies am effizientesten geschehen kann.

Wenn Gülle über eine **Biogasanlage** vergoren wird, wird durch die Methanbildung im Gärbehälter anschließend die Methanbildung im Gärrestlager und somit insgesamt die Produktion klimarelevanter Gase reduziert. Je weiter der Abbaugrad des Gärrestes fortgeschritten ist, desto mehr Methan kann im Blockheizkraftwerk genutzt werden und desto geringere Gefahr besteht, dass Methan in die Atmosphäre entweicht. Jedoch entstehen beim Verbrennen im Blockheizkraftwerk wiederum Emissionen. Die Abdeckung der Gärbehälter ist nicht nur notwendig zur Emissionsreduktion, sondern auch zum Auffangen des restlichen Biogases, das durch anhaltende mikrobielle Prozesse entsteht. In Bezug auf die Biokraftstoffherstellung liegt die Treibhausgas-Einsparung bei der Verrechnung der Emissionen des Anbaus (Maisanbau), des Transports und der Herstellung (beides Biogas aus Gülle) bei ca. 42 %. **Rapsölkraftstoff** hat nach EU RL-2009/28/EG eine Standard-Treibhausgaseinsparung von 57 % (Europäische Union 2009), wobei hier Anbau, Verarbeitung, Transport und Vertrieb enthalten sind (für großtechnische Anlagen). In dezentralen Anlagen kann die Treibhausgas-Einsparung deutlich höher sein. Bei Biodiesel kommt es zu einer Treibhausgaseinsparung gegenüber fossilem Kraftstoff von 38 % (Europäische Union 2009). Bei **Bioethanol** beträgt die THG-Einsparung aus europäischem Weizen ohne Landnutzungsänderung 16 bis 34 %, abhängig vom eingesetzten Prozessbrennstoff (Europäische Union 2009). Vor allem bei großtechnischen Anlagen, in denen die Schlempe getrocknet wird, ist mehr Energie nötig als bei Kleinanlagen, deren Schlempe innerhalb von wenigen Tagen feucht verfüttert wird. Wie bei allen Treibhausgas-Bilanzen von technischen Anlagen ist es von großer Bedeutung, mit welchem Energieträger Wärme für den Prozess erzeugt wird. Die hier genannten Treibhausgaseinsparungen je Nutzungspfad sind aus dem Amtsblatt der Europäischen Union (2009) entnommene „Default-Werte", die vom eher schlechteren Fall ausgehen und die realen Einsparungen wahrscheinlich unterbieten.

Biodiversität Wie schon im vorangegangenen Abschnitt „Boden" diskutiert, bewirkt die Landnutzungsänderung beziehungsweise Flächenversiegelung, die beim Bau jeglicher Anlagen oder Verkehrswege geschieht, einen unwiderruflichen, partiellen Biodiversitätsverlust. Ausgleichsmaßnahmen sind in Abhängigkeit der zu versiegelnden Flächengröße vom Gesetzgeber vorgeschrieben.

Des Weiteren kann es zu einer Reduzierung der Biodiversität kommen, wenn durch einen vermehrten Anbau spezieller Kulturen im Einzugsgebiet der Anlage das traditionell genutzte Artenspektrum landwirtschaftlicher Kulturen eingeschränkt wird. Darüber hinaus kann es bei größerer Ausdehnung der Flächen einer speziellen Kulturart zu erhöhtem Pflanzenschutzmitteleinsatz kommen, welcher sich ebenfalls negativ auf die Biodiversität auswirken könnte, z. B. durch Bekämpfung der Ackerbegleitflora. Hierbei sind **Sorghum**, **Raps** und **Weizen** gleich zu betrachten. Es könnten sich leichte Unterschiede der drei beispielhaften Nutzungspfade bezüglich des Pflanzenspektrums ergeben, welche sich jeweils verwerten lassen. So können insgesamt mehr Pflanzen, die in Reinkultur, Mischfruchtanbau oder Gemengen angebaut werden, als Substrat für Biogasanlagen dienen, während für Öl- und Ethanol-Produktion ein engeres Pflanzenspektrum genutzt wird.

Zusammenfassend kann festgehalten werden, dass die Nutzungspfade bzw. Verwertungsanlagen von Fall zu Fall beurteilt werden müssen, abhängig von den Gegebenheiten direkt vor Ort. Auch der Unterschied zwischen industriell oder dezentral organisierten Anlagen lässt kein eindeutiges Urteil zu. Grundsätzlich ist bei jeder Anlage darauf zu achten, dass Boden, Wasser, Luft, Klima und Biodiversität geschützt werden. Dies sollte im direkten Vergleich ebenso für lebensmittelverarbeitende Betriebe oder andere agrarrohstoffverarbeitende Industriezweige gelten. Selbige Grundsätze können auch auf andere Lebens- oder Industriebereiche übertragen werden, wie z. B. Automobilindustrie, Braunkohleabbau etc.

5.3   Sozialethische Diskussion

Die sozialethische Diskussion der drei Fallbeispiele wird die einzelnen Betroffenen und ihre Interessen erörtern, sofern diese hinsichtlich des konkreten Szenarios relevant sind. Die zu erörternden Fragen lauten hierbei: Inwieweit fördert oder hemmt der jeweilige Anbau- und Verwertungsprozess die gerechtfertigten Interessen der identifizierten Gruppen und gibt es aus einer sozialethischen Perspektive signifikante Unterschiede zwischen den drei Anbau- und Verwertungsoptionen?

Landwirte Der Landwirt hat das berechtigte, aus sozialethischer Perspektive allerdings nicht sehr schwer wiegende Interesse, sein ökonomisches Auskommen zu sichern. Hinsichtlich dieses Interesses ist es am sinnvollsten, wenn dem Landwirt (als Erzeuger der Biomasse, egal, ob für Nahrungsmittel oder Energie) alle Abnehmeroptionen/Verwertungsoptionen offen stehen. In diesem, von der Politik sicherzustellenden Spielraum ist der Landwirt dann als Unternehmer gefordert, die für ihn ökonomisch richtige Strategie frei zu wählen und etwaige wirtschaftliche Risiken selbst zu tragen. Durch die Bereitstellung der Möglichkeit, Biomasse zu Energiezwecken zu produzieren und damit einen Verdienst erlangen zu können, ist dieses Interesse grundsätzlich positiv berührt.

Aus ethischer Perspektive ist daher das Vorhandensein aller drei in den Fallbeispielen genannten Möglichkeiten positiv zu beurteilen. Die konkreten ökonomischen Differenzen zwischen den drei Fallbeispielen sind im Spielraum wirtschaftlicher Freiheit und wirtschaftlichen Risikos zu verorten. Sie weisen damit im strikten Sinne keine ethische Relevanz auf; insofern sich jedoch durchaus Unterschiede hinsichtlich des Interesses des Landwirts an einem ökonomischen Auskommen zeigen, sollen diese hier kurz erläutert werden: Prinzipiell kann die ökonomische Sicherheit durch etwaige wirtschaftlich verwertbare Nebenprodukte erhöht werden. So fällt beim Anbau von Raps und Weizen zusätzlich Stroh an, welches entweder verkauft (beim Weizen) oder als Dünger und Humusbildner (bei Weizen und Raps) auf dem Feld verbleibt.

Wenn der Absatz von Weizen für Ethanol oder Sorghum für Biogas nicht gegeben ist, können Weizen sowie auch Sorghum kurzfristig für Fütterungszwecke eingesetzt werden. Bei Raps besteht die Möglichkeit, ihn zu Speiseöl zu verarbeiten. Durch das Vorhandensein derartiger Alternativen wird die wirtschaftliche Sicherheit erhöht, selbstverständlich hängt es aber in der konkreten Situation vom jeweiligen Tagespreis bzw. Kontrakt (Termingeschäftsvertrag) ab, ob der Landwirt Gewinn oder Verlust erwirtschaftet.

Die ökonomische Stabilität kann des Weiteren verstärkt werden, indem der Landwirt einjährige Kulturen wie zum Beispiel Weizen, Raps und Sorghum anbaut. Diese Kulturen haben (im Unterschied zu mehrjährigen Arten oder zu Dauerkulturen) den Vorteil, dass der Landwirt flexibler auf den Markt reagieren kann. Grundsätzlich sollten zur Risikominimierung verschiedene Kulturarten angebaut werden.

Bezüglich des Interesses des Landwirts an guten Arbeitsbedingungen unterscheiden sich die drei Kulturen nicht wesentlich voneinander. Unter Umständen ist bei Sorghum weniger Pflanzenschutzmitteleinsatz nötig. Generell sind die Arbeitsbedingungen der drei Fallbeispiele im Rahmen der durchschnittlichen landwirtschaftlichen Praxis zu verorten.

Die hinsichtlich der Prinzipien der Autonomie und der Gerechtigkeit genannten Interessen an der Wahlfreiheit zwischen Anbaukulturen und Nutzungspfaden und der Konkurrenzfähigkeit (gerade mit Landwirten in anderen Regionen) wird durch alle drei Szenarien grundsätzlich positiv berührt.

Verwerter Wie beim Landwirt, so ist auch das Interesse des Verwerters an einem ökonomischen Auskommen ein berechtigtes Anliegen, welches mit Blick auf die Fallbeispiele unterschiedlich berührt wird, ethisch gesehen jedoch nicht besonders schwer ins Gewicht fällt. Grundsätzlich ist zu attestieren, dass die Möglichkeit des Anbaus und der energetischen Verwertung von Biomasse diesem Interesse natürlich entgegenkommt, da sie gewissermaßen die wirtschaftliche Existenzgrundlage des Verwerters darstellt. In dieser Hinsicht sind demnach alle drei Möglichkeiten positiv zu beurteilen. Ob die Wirtschaftlichkeit der Verwertung im konkreten Fall dann tatsächlich gegeben ist, ist gegenüber dieser grundsätzlich positiven Einschätzung ethisch nicht relevant; sie liegt im unterneh-

merischen Risiko des Verwerters. Dennoch sollen kurz die Faktoren erläutert werden, die
bei dieser Frage eine Rolle spielen:

Bei der dezentralen Ölmühle (Rapsverwendung) und dem Ethanolhersteller (Weizen-
verwendung) kann es zu Absatzproblemen kommen, wenn Diesel oder Benzin im Vergleich zum Biokraftstoff sehr günstig sind. Dann ist das Bioenergie-Produkt (Rapsölkraftstoff oder Bioethanol) vergleichsweise teuer und die Nachfrage bzw. der Absatz stagniert.
Der Ölmühlenbetreiber kann versuchen, im Speiseölmarkt und im Bereich der technischen
Öle neue Absatzwege zu finden, was sich jedoch meist als schwierig bzw. in der Regel sogar
als unmöglich erweist. Bei dem Rapsölkraftstoffabsatz hat sich in der Vergangenheit genau
diese Problematik gezeigt, was zu Stilllegungen von Ölmühlen führte. Die wirtschaftliche
Sicherheit kann über Nebenprodukte der Rapsöl- und der Bioethanolerzeugung erhöht
werden. So wird Rapspresskuchen, wie er als Koppelprodukt bei der dezentralen Rapsöl-
produktion anfällt, vor allem als hochwertiges Eiweißfuttermittel verwendet. Schlempe,
ein Koppelprodukt der Bioethanolherstellung, kann ebenfalls verfüttert oder in der Biogasanlage genutzt werden. Der Verwerter unterliegt den preislichen Marktschwankungen
von Getreide und Raps.

Ein Biogasanlagenbetreiber (Sorghumverwendung) hat den Vorteil, dass durch das
EEG festgelegte Vergütungen für die Stromeinspeisung von der Inbetriebnahme der Anlage an für zwanzig Jahre garantiert sind. Die erzielbare Vergütung ist für Bestandsanlagen
also im Gegensatz zu anderen landwirtschaftlichen Produkten auf lange Zeit fixiert und
nicht den Marktschwankungen unterworfen. Dabei ist es sehr wichtig, dass die Wärme
ebenfalls gewinnbringend verkauft wird. In der Vergangenheit wurde aufgrund von sehr
niedrigen Bonuszahlungen für Wärme diese teilweise nicht genutzt oder zu günstig verkauft, was dann – vor allem in Zeiten hoher Rohstoffkosten – zu wirtschaftlichen Problemen geführt hat. Politische Änderungen wie die EEG-Novelle 2012 mit veränderten
Vergütungssätzen, können zu einem Rückgang von neuen Planungen führen (vergleich
Kap. 2.1.2). Als Koppelprodukt können Gärreste als organische Dünger selbst genutzt oder
an Landwirte verkauft werden.

In allen drei Fällen besteht die Gefahr, dass die Rohstoffkosten so hoch werden, dass
eine Wirtschaftlichkeit nicht mehr gegeben ist, vor allem wenn mögliche Substitute güns-
tiger sind.

Als moralphilosophisch relevant wurde das Interesse der Verwerter am ökonomischen
Auskommen vor allem im Hinblick auf das Einhalten politischer Versprechungen bezüglich Subventionen und/oder ordnungspolitischer Maßnahmen genannt: Der Verwerter
ist durch massive Anfangsinvestitionen auf die gewählte Technologie festgelegt und beim
Ausbleiben von staatlichen Zuschüssen oder Änderung ordnungspolitischer Maßnahmen
bzw. politischer Ziele in seiner Existenz bedroht. Unsichere politische Rahmenbedingungen, vor allem die Ungewissheit zukünftiger Subventionspolitik, machen Prognosen über
die wirtschaftliche Sicherheit der Verwerter schwierig. Hierbei liegt es in der Verantwortung der Politik, die gegebenen Versprechen adäquat zu berücksichtigen. (Die Subventionspolitik ist auch für den Energiekonsumenten von Bedeutung – siehe unten.)

Gegenwärtig erfahren die Verwerter in Deutschland – ob direkt (durch Subventionen) oder indirekt (beispielsweise durch Steuerbegünstigungen des Endproduktes) – staatliche Zuwendungen: Bei der Biogasanlage wird etwa eine vom Stromverbraucher bezahlte Bonuszahlung gewährleistet. Seit 2013 beträgt die Energiesteuer für den Rapsölkraftstoff 44,9 Cent/l, wobei Landwirtschafts- und Forstbetriebe beim Hauptzollamt eine Befreiung beantragen können (Vergleich Kap. 2.2.4). Von dieser Befreiung können ebenfalls förderwürdige Biokraftstoffe profitieren, zu denen auch Bioethanol (Erzeugnisse mit 70 bis 90 % igem Bioethanolanteil) und Biomethan zählen.

Energiekonsumenten   Energiekonsumenten fordern legitimerweise eine qualitativ hochwertige, sichere und erschwingliche Energieversorgung. Die Verfügbarkeit von Biogas aus Sorghum, Rapsöl aus dezentraler Ölgewinnung und Bioethanol (E85) aus Weizen bedeutet für sie eine prinzipielle Erhöhung ihrer Auswahlmöglichkeiten zwischen verschiedenen Energiequellen – gerade als Alternative zu den endlichen, fossilen Ressourcen – und damit eine Steigerung der Sicherheit ihrer Energieversorgung.

Unterstellt man den drei diskutierten Fallbeispielen ein derzeit noch vorhandenes Verteilungsproblem, so stellt vor allem die dezentrale Wärmegewinnung eine Lösung dieses Problems dar. Bezüglich Reinkraftstoffen wie Rapsölkraftstoff und E85 fehlt es zumeist noch an einem flächendeckenden Tankstellennetz und für den Reinkraftstoff freigegebenen Fahrzeugen.

Prinzipiell lässt sich jedoch sagen, dass alle drei Fallbeispiele imstande sind, hochwertige Energie zu liefern und als Bestandteile eines Energiemixes die Bedürfnisse der Energiekonsumenten zu befriedigen. Vor allem Strom aus erneuerbaren Energien wird vermehrt nachgefragt, so dass seine Bedeutung in Zukunft weiter zunehmen wird.

Regionale Nahrungsmittelkonsumenten   Regionale Nahrungsmittelkonsumenten haben ein berechtigtes Interesse an sicherer, hochwertiger und erschwinglicher Nahrung. Nach gegenwärtigem Stand ist die Nahrungssicherheit bei gleichzeitiger energetischer Verwendung von Biomasse nicht gefährdet. Insofern verhalten sich die drei Fallbeispiele diesem Interesse gegenüber neutral. Die Unterschiede zwischen den Fallbeispielen fallen diesbezüglich kaum ins Gewicht, wie ein detaillierter Blick zeigt: Aus Sicht der heimischen (und bedingt auch aus der Perspektive der internationalen) Nahrungsmittelkonsumenten stellen sich die Fragen, 1) welche Herstellungsverfahren nicht in potentielle Konkurrenz zur Nahrungsmittelproduktion treten, 2) welche Anbauformen gegebenenfalls auch für die Nahrungsmittelversorgung dienen können und 3) inwieweit Koppelprodukte anfallen, die beispielsweise als Futtermittel indirekt wieder in die Nahrungsmittelkette einfließen.

1. Weder Sorghum für Biogas noch Raps für Rapsöl oder Weizen für Bioethanol können die potentielle Flächenkonkurrenz zur Nahrungsmittelproduktion vermeiden. Alle drei Fallbeispiele bedürfen eines Anbaus auf landwirtschaftlich nutzbaren Flächen.
2. Für Biogasanlagen werden überwiegend Sorghumsorten angebaut, die keine Grundnahrungsmittel darstellen, aber als Futtermittel eingesetzt werden könnten. Dagegen

kann Raps direkt der Nahrungsmittelproduktion dienen, denn er kann in Form von Rapsspeiseöl seine Verwendung finden. Weizen, der für die Ethanolproduktion angebaut wird, kann trotz anderer Anforderungen prinzipiell auch für Nahrungszwecke genutzt werden. Rein hypothetisch kann dieser im Fall einer lokalen Krise als Nahrungsmittel verwendet werden. Da Raps, Weizen und Sorghum einjährige Früchte sind, ist der Landwirt flexibel im Anbau und kann relativ schnell auf regionale Knappheiten reagieren und auf die Produktion von Lebensmittel umstellen.

3. Bei dem Anbau und der Verarbeitung von Sorghum für die Biogasanlage fallen in der Regel keine Nebenprodukte an, die als Futtermittel genutzt werden können. Grundsätzlich wäre es zwar möglich, Sorghum als Futtermittel einzusetzen, dies ist hierzulande allerdings nicht praxisüblich. Problematisch ist hierbei, dass Sorghum nach bestimmten Stressereignissen, wie z. B. Trockenheit, vermehrt Blausäure produziert, welche für Tiere giftig ist. Die Pflanzen können die Blausäure selbst abbauen, was jedoch beim Anbau bzw. bei der Bestimmung des richtigen Erntezeitpunktes eine gewisse Erfahrung des Landwirts mit dieser Pflanzenart voraussetzt. Bei der Verarbeitung von Raps zu Rapsöl wird Rapspresskuchen produziert (etwa zwei Drittel der Masse), der als hochwertiges eiweißreiches Futtermittel z. B. in der Milchviehfütterung oder in der Rindermast Verwendung findet. Bei der Bioethanolherstellung entsteht als Nebenprodukt proteinhaltige Schlempe, welche als hochwertiges, eiweißreiches Futtermittel (oder in einer Biogasanlage) verwendet werden kann. Somit besteht bei beiden Kraftstoffpfaden eine gekoppelte Nahrungsmittel- und Treibstoffproduktion, was die Flächenkonkurrenz entspannt.

Internationale Nahrungsmittelkonsumenten Der Anbau von Sorghum, Raps und Weizen in einer bestimmten Region zur energetischen Verwendung steht – aufgrund der Globalisierung der Märkte – in einem potentiellen Zusammenhang mit der Nahrungssicherheit in anderen Ländern der Erde. So könnte er beispielsweise eine Steigerung des Imports von Nahrungs- oder Futtermittel notwendig machen, wodurch wiederum die Nahrungs- und Futtermittelpreise steigen könnten. Dies hätte einerseits überwiegend für arme Lebensmittelkonsumenten in Entwicklungsländern die Folge, dass bestimmte Lebensmittel für sie nicht mehr erschwinglich sind. Andererseits wäre es jedoch auch möglich, dass höhere Nahrungsmittelpreise für ärmere Regionen bedeutende wirtschaftliche Chancen eröffnen, von denen die dortigen Nahrungsmittelkonsumenten mittel- bis langfristig profitieren könnten.

Da das Interesse an sicheren, hochwertigen und bezahlbaren Nahrungsmitteln das höchste Gut in der gesamten Debatte darstellt, werden hierbei etwaige negative Konsequenzen besonders emotional diskutiert.

Eine potentielle Flächenkonkurrenz lässt sich dabei nicht leugnen, die Wirkungszusammenhänge jedoch schwer exakt bestimmen. Konkrete Unterschiede zwischen den Fallbeispielen sind demnach kaum zu benennen. Die im Zuge der Diskussion über die Interessen regionaler Nahrungsmittelkonsumenten notierten Fragestellungen sind jedoch auch hier diskussionswürdig: Szenarien, die in ihrem Herstellungsverfahren in keine potentielle Konkurrenz zur Nahrungsmittelproduktion treten, deren Kulturen gegebenenfalls auch für die Nahrungsmittelversorgung dienen können und die Koppelprodukte für die Futtermittelindustrie produzieren, sind auch hinsichtlich der Interessen internationaler Nahrungsmittelkonsumenten positiver zu bewerten. Gerade Verwertungspfade, die hochwertige Koppelprodukte in großem Umfang für die Futtermittelindustrie produzieren, vermögen – wie schon genannt – hierbei Flächenentlastung zu leisten.

Menschen der Region   Das regionale Umfeld hat hinsichtlich des Prinzips des Wohlergehens Interesse daran, 1) dass die natürlichen Lebensgrundlagen der Region erhalten bleiben, 2) dass das wirtschaftliche Wohlergehen der Region stabilisiert bzw. erhöht wird und 3) dass es durch den Anbau und die Verwertung zu keiner maßgeblichen Verminderung der Lebensqualität kommt.

1. Durch die Gesetzeslage auf europäischer und nationaler Ebene ist sichergestellt, dass die Gewinnung von Biogas aus Sorghum, die Gewinnung von Öl aus Raps und die Gewinnung von Bioethanol (E85) aus Weizen die Erhaltung der natürlichen Lebensgrundlagen nicht gefährdet.
2. Der Anbau und die Verwertung der drei Kulturen leisten einen Beitrag zur wirtschaftlichen Stärkung der Region: Die drei Szenarien bieten Landwirten ein Auskommen via landwirtschaftlicher Arbeit und sichern Arbeitsplätze. Die Gewerbesteuer, sofern der Landwirt gewerbetreibend ist, kommt dabei der Kommune zugute, sofern der Landwirt seinen Umsatz durch Bioenergie-Produktion gegenüber seinem vorherigen Angebot erhöht. Die wirtschaftliche Verwertungskette bleibt dabei im Fall der Bioethanolgewinnung mit niedrigerer Wahrscheinlichkeit im nahen Umfeld, da die Ethanolanlagen in geringer Dichte über Deutschland verteilt sind.
3. Die landwirtschaftliche Praxis bringt zwar teilweise Lärm- (Geräusche von Traktoren oder Blockheizkraftwerk) und Geruchsbelästigung (Geruch einer Biogasanlage oder der Geruch der Gärrestausbringung wie auch der Geruch einer Öl- oder Ethanolgewinnungsanlage) mit sich, diese Beeinträchtigungen halten sich jedoch in Grenzen und sind als normale Begleiterscheinungen der Landwirtschaft zu werten. So stehen Biogasanlagen beispielsweise in der Regel nicht in der Nähe von Wohngebieten und pflanzenbauliche Maßnahmen wie Gärrestausbringung fallen nur an wenigen Tagen im Jahr an (und sind beim Nahrungsmittelanbau ebenso vorhanden).

Oftmals emotional diskutiert wird über die Ästhetik der angepflanzten Kulturpflanzen: Sorghum ähnelt beispielsweise stark dem Mais, was mancherorts Kritik nach mehr kulturlandschaftlicher Diversität laut werden lässt. Raps wird hingegen ob der leuchtend gelb blühenden Felder von vielen als ästhetisch ansprechend empfunden. Auch Weizenfelder gelten vielen als optisch reizvoll. Von derartigen, letztlich subjektiven Einschätzung ästhetischer Vor- und Nachteile bestimmter Kulturpflanzen abgesehen, ist jedoch grundsätzlich festzuhalten, dass die landwirtschaftliche Pflege der Felder einen wesentlichen Beitrag zur Pflege der regionalen Kulturlandschaft leistet. Darüber hinaus hat der Landwirt generell vielfältige Möglichkeiten, eintönige Landschaftsbilder durch z. B. Anpflanzen von Hecken, Einsatz eines breiten Kulturspektrums oder Wildkräutermischungen etc. zu unterbrechen.

Wenngleich auch landwirtschaftliche Energiegewinnung nicht immer konfliktfrei abläuft, weisen der Anbau und die energetische Verwertung von Raps, Sorghum und Weizen gerade im Vergleich mit anderen Energiegewinnungsarten (wie Kernenergie, großflächigen Windparks oder Solaranlagen) eine zentrale Stärke auf: Alle drei Fallbeispiele tragen dazu bei, dass sowohl die Kulturlandschaft als auch die landwirtschaftliche Praxis selbst erhalten bleiben. Der Anbau von Raps, Sorghum und Weizen gilt demnach als etablierte, traditionelle Arbeitsform und stößt in der Regel im regionalen Umfeld auf breite Akzeptanz.

Hinsichtlich des Prinzips der Autonomie wurden zwei Interessen genannt: 1) Das Interesse an einer Erhöhung der regionalen Autonomie kann durch alle drei Fallbeispiele positiv berührt werden. Sowohl Biogas aus Sorghum, Öl aus Raps wie auch Bioethanol aus Weizen kann für die regionale Selbstversorgung eingesetzt werden bzw. durch die ökonomische Stärkung der Region deren Autonomie erhöhen. 2) Das Interesse des regionalen Umfeldes, die Entwicklungen in der Region (und damit indirekt auch über die landwirtschaftliche Ausrichtung) mitbestimmen zu können und etwaige kulturelle Ansichten mit einfließen zu lassen, ist durch die drei Fallbeispiele in keiner Weise betroffen. Schließlich ist dieses „Mitspracherecht" grundsätzlich über rechtliche Bestimmungen wie Wahlen gewährleistet. Inwieweit Mitbestimmung darüber hinaus verwirklicht wird, hängt ebenso wenig vom Anbau wie von der Verwertung einer bestimmten Pflanze ab, sondern liegt ganz in der Hand der Region selbst (beispielsweise in Form von Austauschforen, Bürgerinitiativen etc.).

Die Frage, welche Rolle die kulturell-historischen Wertvorstellungen in der Debatte über die drei Fallbeispiele einnehmen und inwieweit sie für den Landwirt ethische Verpflichtungen mit sich bringen, wird eigenständig im folgenden Kapitel thematisiert (5.4).

Steuerzahler Steuerzahler haben das Interesse einer sinnvollen Verteilung der Steuergelder. Gegenwärtig ist die Produktion von Biogas, Rapsöl und Bioethanol ohne staatliche Subventionspolitik ökonomisch nicht konkurrenzfähig. In diesem Zusammenhang müssen jedoch auch die Subventionen und die politischen Ordnungsmaßnahmen hinsichtlich fossiler Energieträger und anderer erneuerbarer Energien zum Thema gemacht werden, denn auch diese sind staatlich gefördert.

Aus der Perspektive des Steuerzahlers sind Subventionen aller Art kritisch zu diskutieren. Als Leitfrage wurde herausgearbeitet: Könnte man die eingesetzten Steuergelder anderswo besser investieren?

Wie dargelegt, entzieht sich diese Frage einer klaren, generell gültigen Antwort, vielmehr bedarf sie eines steten gesellschaftlichen Aushandlungsprozesses. Generell lässt sich jedoch festhalten, dass eine staatliche Förderung von Energieformen (und damit auch die Förderung von Biogas aus Sorghum, Rapsöl aus dezentraler Ölgewinnung und Bioethanol aus Weizen), die eine Alternative zu den endlichen Ressourcen bieten und nachhaltig im Sinne eines umweltschonenden Umgangs produziert werden können, aus ethischer Perspektive sinnvoll ist. Die zwischen den einzelnen Anbau- und Verwertungspfaden auftretenden Differenzen sind diesbezüglich marginal und für den Steuerzahler irrelevant bzw. eine gleichzeitige Förderung aller Optionen am sinnvollsten.

Mitmenschen (international) Der Anbau von Sorghum, Raps und Weizen in Bayern zur energetischen Verwendung kann positive wie negative Folgen für die Erhaltung der natürlichen Lebensgrundlage in anderen Regionen haben. Hier gilt dasselbe wie hinsichtlich der Interessen internationaler Nahrungsmittelkonsumenten: Die Globalisierung der Märkte kann besonders für ärmere Regionen Chance und Risiko bedeuten, die konkreten Wirkungszusammenhänge sind jedoch schwer zu bestimmen. Die Frage bleibt damit ein neuralgischer Punkt der gesamten Debatte. Hinsichtlich der drei Fallbeispiele lassen sich in diesem Punkt keine generellen bedeutsamen Unterschiede herausarbeiten.

Zukünftige Generationen Erneuerbare Energieformen aus Nachwachsenden Rohstoffen wie Biogas aus Sorghum, Rapsölkraftstoff und Ethanol-Kraftstoff aus Weizen kommen dem Interesse zukünftiger Generationen grundsätzlich mehr entgegen als fossile Energieträger: Ihre Verwendung ist in der Regel klimaschonender und spart endliche fossile Ressourcen, welche damit nachfolgenden Generationen noch zur Verfügung stehen; auch hinterlassen sie keine Folgeprobleme wie beispielsweise die Endlagerung bei Kernenergienutzung. Im Rahmen der nationalen und europäischen Gesetzeslage kommt es darüber hinaus beim Anbau und der Verwertung der drei Pflanzenarten nicht zu irreversiblen ökologischen Schäden, welche das Interesse zukünftiger Generationen an ähnlichen Lebenschancen beeinträchtigen würden.

Dennoch gilt: Jede Kultur kann mehr oder minder ressourcenschonend oder -zehrend angebaut werden und die einzelnen Verwertungsanlagen können je nach Beschaffenheit niedrigere oder höhere Treibhausgasemissionen produzieren. Daher ist hier eine stete Überprüfung und Optimierung aller Arbeitsschritte notwendig (vgl. Kap. 5.1).

Sonstige Im Rahmen des Anbaus von Raps sind Imker als weitere betroffene Gruppe zu nennen: Da Rapsblüten eine wichtige Nektarquelle für Honigbienen sind, haben Rapskulturen für die Imkerei zentrale Bedeutung. Der Anbau von Raps berührt demnach die Interessen der Imker positiv.

5.4 Kulturelle Diskussion

Wie erläutert (vgl. Kap. 4.3) weisen historisch-kulturelle Weltbilder oder auch ästhetische Anschauungen der Mitmenschen nur einen sehr vagen Verpflichtungscharakter auf, jedoch findet sich in den kulturellen Dimensionen ein konfliktträchtiger Kern der Debatte um Energie aus Biomasse.

Mit den Themen der gesellschaftlichen Rolle der Landwirtschaft als Bereitsteller von Nahrungsmitteln, der Wert der Natürlichkeit und der „Bewahrung der Schöpfung", der Vorstellung der Landwirtschaft als Idylle wie auch der Technikskepsis in der Wahrnehmung der Landwirtschaft wurden kulturelle Dimensionen genannt und kritisch diskutiert, die jede Debatte über Landwirtschaft (und nicht nur jene über Energie aus Biomasse) berühren und prägen. Hinsichtlich dieser Diskurse, die die generelle Rolle und das (Fremd-/ Selbst-)Bild der Landwirtschaft zum Thema haben, lassen sich demnach keine signifikanten Unterschiede zwischen den drei Fallbeispielen ausmachen.

Anders stellt sich die Situation bezüglich des Symbolgehalts von Kulturpflanzen dar: Während Raps und Sorghum im deutschen und insbesondere im bayerischen Kontext nur bedingt mit Nahrung assoziiert werden und damit auch kaum eine symbolische Aufladung aufweisen, ist Weizen als kulturell verankertem Grundnahrungsmittel ein hoher symbolischer Wert zuzusprechen. Dies bestätigt sich in den Debatten, die unter dem Schlagwort „Weizen verheizen" seit einiger Zeit emotional geführt werden. Die energetische Verwertung von Weizen zu Ethanol wird hingegen weit weniger prominent verhandelt. Dies mag – wie bereits thematisiert – an der fehlenden Anschaulichkeit liegen: „Weizen verheizen" lässt – im Gegensatz zum Verwertungspfad der Herstellung von Bioethanol – ein eindrückliches Bild im Kopf entstehen.

Hinsichtlich der Landschaft als Kulturgut weist Weizen den Bonus auf, als eine als heimisch empfundene, etablierte Kulturpflanze auf höhere Akzeptanz zu treffen als beispielsweise das als nicht „typisch" geltende Sorghum. Derartige Vorstellungen darüber, welche Kulturpflanze als traditionell oder störend angesehen wird, unterliegen jedoch einem steten Veränderungsprozess.

5.5   Zusammenfassung der Diskussion der Fallbeispiele

Hinsichtlich der **umweltethischen** Betrachtung lässt sich folgendes Resümee festhalten: Sofern effiziente Technologien zum Einsatz kommen und der Landwirt stets darum bemüht ist, die Auswirkungen seines Handelns auf die Umwelt kritisch und mit Blick auf mögliche Optimierungsmaßnahmen zu reflektieren, können sowohl Biogas aus Sorghum, Rapsölkraftstoff aus dezentraler Ölgewinnung wie auch Bioethanol aus Weizen umweltverträglich produziert werden.

Der Fokus der vorgenommenen Diskussion lag auf den **sozialethischen** Dimensionen der drei Fallbeispiele. Auch hierbei gilt, dass ein erschöpfendes Urteil nur möglich ist, wenn die konkreten Bedingungen berücksichtigt werden. Tendenziell lassen sich jedoch einige Differenzen zwischen den Fallbeispielen festhalten: In der folgenden Matrix (Tab. 5.1) sind jene Interessen der Betroffenen, bei denen sozialethisch relevante Unterschiede zwischen den drei Beispielen identifiziert wurden, grau markiert.

Hinsichtlich der Interessen des Landwirtes und der Verwerter lassen sich keine ethisch relevanten Unterschiede zwischen den drei Beispielen identifizieren. Aus Sicht Wirtschaftreibender ist es positiv zu bewerten, wenn möglichst viele Wirtschaftsoptionen offen stehen. Inwieweit sich ein Pfad dann tatsächlich rentiert, ist ethisch nicht von Belang, sondern eine Frage des wirtschaftlichen Risikos, das in unserer Wirtschafts- und Gesellschaftsform jeder Akteur selbst zu tragen hat. Die Politik ist hinsichtlich aller drei

Tab. 5.1 Sozialethische Matrix zum Thema Bioenergie. Grau eingefärbt sind die Interessen Betroffener, bei denen sich zwischen verschiedenen Bioenergietechnologien Unterschiede ergeben könnten hinsichtlich der ethischen Prinzipien Wohlergehen, Autonomie und Gerechtigkeit

Prinzip / Betroffene	Wohlergehen	Autonomie	Gerechtigkeit
Landwirte	Ökonomisches Auskommen / Gute Arbeitsbedingungen	Wahlfreiheit zwischen Anbaukulturen und Nutzungspfaden	Konkurrenzfähigkeit
Verwerter	Ökonomisches Auskommen / Gute Arbeitsbedingungen		Verlässlichkeit politischer Rahmenbedingungen
Energiekonsumenten	Qualitativ hochwertige, sichere und erschwingliche Energieversorgung	Wahlfreiheit zwischen Energiequellen / Steigerung der Souveränität der Energieversorgung	
Regionale Nahrungsmittelk onsumenten	Sichere, hochwertige und erschwingliche Nahrung	Erfüllung der Grundbedürfnisse als Basis von Autonomie	
Internationale Nahrungsmittelkonsumenten	Sichere, hochwertige und erschwingliche Nahrung	Erfüllung der Grundbedürfnisse als Basis von Autonomie	Internationale Gerechtigkeit
Menschen der Region	Erhaltung der natürlichen Lebensgrundlage / Wirtschaftliche Stärkung der Region / Keine maßgebliche Verminderung der Lebensqualität (durch Lärm, Gestank,…)	Partizipation / Erhöhung der regionalen Autonomie	Konkurrenzfähigkeit im Vergleich mit anderen Regionen
Steuerzahler			Sinnvolle Verteilung der Steuergelder
Mitmenschen (international)	Erhaltung der natürlichen Lebensgrundlage	Lebensgrundlage als Basis von Autonomie	Internationale Gerechtigkeit
Zukünftige Generationen	Erhaltung der natürlichen Lebensgrundlage	Erhaltung der Lebenschancen	Intergenerationelle Gerechtigkeit
Sonstige: Imker	Einkommen (Wohlergehen der Bienen)		

Optionen dazu angehalten, durch Halten ihrer Versprechen und durch sichere Rahmenbedingungen die Planbarkeit wirtschaftlicher Unternehmen zu erhöhen.

Mit Blick auf die Interessen der Energiekonsumenten, der Steuerzahler, der Mitmenschen auf internationaler Ebene wie auch der zukünftigen Generationen lassen sich zwischen den drei Optionen keine allgemeinen Unterschiede feststellen.

Hinsichtlich des Interesses der Nahrungsmittelkonsumenten lässt sich zumindest eine tendenzielle Differenz notieren: Alle drei Optionen benötigen landwirtschaftlich nutzbare Flächen und stehen damit in einer potentiellen Konkurrenz zum Nahrungsmittelanbau. Wie weiter vorne schon ausgeführt, besteht eine derartige Konkurrenzsituation ebenso zwischen Nahrungsmittelanbauflächen und Verkehrsflächen, Siedlungsflächen, Industrieflächen, Freiflächen-Photovoltaikanlagen oder Anbauflächen von nichtnahrungstauglichen Produkten wie Tabak, Wald oder Naturschutzflächen. Hierzu zählt auch die Produktion von Futtermitteln, die nicht für die Ernährung von Nutztieren gedacht sind. Jedoch fallen beim Anbau und der Verarbeitung von den drei beispielhaft ausgesuchten Energiepflanzen in unterschiedlichem Maße Koppelprodukte an, die indirekt über die Futtermittel in die Nahrungskette zurückfließen: Die Verwertungspfade des Rapsöls und des Bioethanols aus Weizen sind hierbei tendenziell positiver zu bewerten als Biogas aus Sorghum. Bei der beschriebenen Verarbeitung entstehen proteinreiche Futtermittel, Presskuchen (Rapsöl) und Schlempe (Bioethanol aus Weizen), während in der Biogasanlage Gärreste entstehen, die als Dünger Verwendung finden. Dies mag auch für die Interessen der internationalen Nahrungsmittelkonsumenten von Belang sein, wobei hierbei die Wirkzusammenhänge kaum klar zu benennen sind.

Das Interesse des regionalen Umfeldes an einer wirtschaftlichen Stärkung der Region – und damit einhergehend mit einer Erhöhung der Autonomie –wird besonders dann positiv berührt, wenn die Verwertungskette größtenteils in der Region bleibt. Dies ist bei Bioethanol weniger wahrscheinlich, da seine Erzeugung in groß angelegten Anlagen erfolgt, die in geringer Dichte über Deutschland verteilt liegen. Hinsichtlich möglicher Lärm- und Geruchsbelästigung können die drei Optionen divergieren, besonders aber können der Anbau und die Form der Verwertung kulturell unterschiedlich bewertet werden. So könnte Weizen als die Kulturlandschaft bereichernd und traditioneller als beispielsweise Sorghum angesehen werden.

Generell zeigen sich nur geringe sozialethische Differenzen zwischen den drei Fallbeispielen, die auf einer allgemeinen Ebene festgehalten werden können. Ähnliches gilt für die **kulturellen** Aspekte. **Zusammenfassend** lässt sich feststellen, dass auch die mit den Fallbeispielen vorgenommene Konkretisierung noch immer nicht die Differenziertheit erreicht, die für eine detaillierte Bewertung notwendig wäre. Es bleiben zu viele Faktoren – insbesondere im Umweltbereich – unbestimmbar. Die Beurteilung, ob ein bestimmter Nutzungspfad und eine Verwertungstechnologie aus ethischer Perspektive besser ist als ein anderer bzw. eine andere, kann demnach nur von Fall zu Fall abhängig von den konkreten Gegebenheiten eines spezifischen Betriebes oder einer spezifischen Verwertungsanlage diskutiert werden. Allerdings kann ein solches Vorgehen auch in seiner Sinnhaftigkeit bezweifelt werden: Eine solche extreme Konkretisierung würde vollkommen an dem gesellschaftlichen Diskurs, aber auch an den Anforderungen der Politik, vorbeigehen. Denn hier geht es ja gerade um die größeren Zusammenhänge, auf deren Grundlage Entscheidungen getroffen werden können.

Bezüglich des größeren Zusammenhangs kann eine ethische Analyse und Diskussion, die die energetische Nutzung von Biomasse isoliert und für sich genommen betrachtet, so wie dies in vorliegender Studie gemacht wurde, erst der Anfang sein. Da Energie aus Biomasse nur eine unter vielen Formen der Energiegewinnung ist, muss sie mit anderen erneuerbaren aber auch fossilen Energietechnologien verglichen werden. Es ist zu erwarten, dass erst dann die wahren Stärken oder Schwächen dieser Energieform in umweltethischer, sozialethischer und kultureller Perspektive klar zu Tage treten. Das hier entwickelte ethische Diskussionsmodell besitzt das Potential, nach geringfügiger Adaption der Betroffenengruppen eine strukturierte und ethisch fundierte Diskussion der verschiedenen Energietechnologien zu leisten und zentrale Stärken wie auch Konflikte bestimmter Szenarien zu identifizieren.

Literatur

Agentur für Erneuerbare Energien (AEE) (2012): Akzeptanz und Bürgerbeteiligung für Erneuerbare Energien – Erkenntnisse aus Akzeptanz- und Partizipationsforschung. Renews Spezial, Ausgabe 60, ISSN: 2190-3581. Quelle: http://www.unendlich-viel-energie.de/de/panorama/akzeptanz-erneuerbarer-energien.html (Datum des Zugriffs: 07.08.2013).

Agrarheute (2012): Disput um neue Bioenergiestudie. Quelle: http://www.agrarheute.com/disput-um-bioenergiestudie (Datum des Zugriffs: 22.01.2014).

Altner, G. (1978): Die Überlebenskrise in der Gegenwart. Ansätze zum Dialog mit der Natur in Naturwissenschaft und Theologie. Darmstadt: Wissenschaftliche Buchgesellschaft.

Amon, T.; Döhler, H. (2005): Qualität und Verwertung des Gärrestes. In: Fachagentur Nachwachsende Rohstoffe e. V. (Hrsg.): Handreichung Biogasgewinnung und -nutzung. Gülzow: Fachagentur Nachwachsende Rohstoffe e. V., 153–165.

Aristoteles (1985): Nikomachische Ethik. 4. Auflage. Hamburg: Meiner.

Aschmann, V.; Effenberger, M.; Gronauer, A.; Kaiser, F.; Kissel, R.; Mitterleitner, H.; Neser, S.; Schlattmann, M.; Speckmaier, M.; Ziehfreund, G. (2007): Grundlagen und Technik. In: Bayerisches Landesamt für Umwelt (LfU) (Hrsg.): Biogashandbuch Bayern – Materialienband. Kapitel 1.1. Stand Juli 2007. Augsburg: LfU, 4–6.

Aufhammer, W. (1998): Getreide- und andere Körnerfruchtarten. Bedeutung, Nutzung und Anbau. Stuttgart: Eugen Ulmer.

Baffes, J.; Hanoitis, T. (2010): Placing the 2006/08 Commodity Price Boom into Perspective. The World Bank, Development Prospects Group, Policy Research Working Paper 5371. Quelle: http://www-wds.worldbank.org/servlet/WDSContentServer/WDSP/IB/2010/07/21/000158349_21007 21110120/Rendered/PDF/WPS5371.pdf (Datum des Zugriffs: 22.10.2013).

Baier, K. (1974): Der Standpunkt der Moral. Eine rationale Grundlegung der Ethik. Düsseldorf: Patmos-Verlag.

Balzer, P.; Rippe, K. P.; Schaber, P. (1999): Menschenwürde vs. Würde der Kreatur. Begriffsbestimmung, Gentechnik, Ethikkommissionen. 2., unveränderte Auflage. Freiburg i. Br.; München: Alber.

Barlösius, E. (1999): Soziologie des Essens. Eine sozial- und kulturwissenschaftliche Einführung in die Ernährungsforschung. Grundlagentexte Soziologie. Weinheim; München: Juventa-Verlag.

Bayerisches Landesamt für Statistik und Datenverarbeitung (LfStaD) (2013): Ausgewählte Statistiken – Erneuerbare Energien. Quelle: https://www.statistik.bayern.de/statistik/energie/ (Datum des Zugriffs: 28.01.2014).

M. Zichy et al., *Energie aus Biomasse - ein ethisches Diskussionsmodell,*
DOI 10.1007/978-3-658-05220-1, © Springer Fachmedien Wiesbaden 2014

Bayerisches Staatsministerium für Ernährung, Landwirtschaft und Forsten (StMELF) (2009): Gesamtkonzept Nachwachsende Rohstoffe in Bayern. Entwicklungen und Trends 2009. München: Bayerisches Staatsministerium für Ernährung, Landwirtschaft und Forsten.

Bayerisches Staatsministerium für Landwirtschaft und Forsten (StMLF) (2008): Bayerischer Agrarbericht 2008. Zusammengestellt von der Abteilung Grundsatzfragen der Agrarpolitik. München: Bayerisches Staatsministerium für Landwirtschaft und Forsten. Quelle: http://www.stmelf.bayern.de/mam/cms01/agrarpolitik/dateien/agrarbericht2008.pdf (Datum des Zugriffs: 22.10.2013).

Bayerisches Staatsministerium für Wirtschaft, Infrastruktur, Verkehr und Technologie (StMWi) (2012): Erneuerbare Energien – Ermittlung aktueller Zahlen zur Energieversorgung in Bayern. Quelle: http://www.stmwi.bayern.de/energie-rohstoffe/erneuerbare-energien/ (Datum des Zugriffs: 28.01.2014).

Bayertz, K. (2006): Warum überhaupt moralisch sein? München: Beck.

Beauchamp, T.; Childress, J. (2001): Principles of Biomedical Ethics. 5. Auflage. New York u. a.: Oxford University Press.

Bentham, J. (1996): An Introduction to the Principles of Morals and Legislation. Hrsg. v. Burns, J. und Hart, H. (The collected works of Jeremy Bentham). Oxford u. a.: Oxford University Press.

Berger, K. (1993): Manna, Mehl und Sauerteig. Korn und Brot im Alltag der frühen Christen. Stuttgart: Quell.

Biogasrat+ – dezentrale Energien (2012): Entgegnung zur Stellungnahme „Bioenergie: Möglichkeiten und Grenzen" der Leopoldina – Nationale Akademie der Wissenschaften, Juli 2012. Quelle: http://www.biogasrat.de/index.php/biogasrat-aktuell/372-unendlich-kein-ende-der-bioenergie-notwendig (Datum des Zugriffs: 22.01.2014).

Birnbacher, D. (1988): Verantwortung für zukünftige Generationen. Stuttgart: Reclam.

Birnbacher, D. (2003): Analytische Einführung in die Ethik. Berlin; New York: Walter de Gruyter.

Birnbacher, D. (2006): Natürlichkeit. Berlin; New York: Walter de Gruyter.

Bundesministerium für Ernährung, Landwirtschaft und Verbraucherschutz (BMELV) (2012): Das Erneuerbare-Energien-Gesetz. Daten und Fakten zur Biomasse – Die Novelle 2012. Quelle: www.bmelv.de/DE/Service/Publikationen/PublikationenLand-wirtschaft/publikationenLandwirtschaft_node.html?gtp=464544_list%253D3 (Datum des Zugriffs: 01.08.2013).

Bundesministerium der Justiz (BMJ) in Zusammenarbeit mit der juris Gmbh (2013): Gesetz zum Schutz vor schädlichen Umwelteinwirkungen durch Luftverunreinigungen, Geräusche, Erschütterung und ähnliche Vorgänge (Bundes-Immissionsschutzgesetz – BimSchG). Bundes Immissionsschutzgesetz in der Fassung der Bekanntmachung vom 17. Mai 2013 (BGBl.I S. 1274), das durch Artikel 1 des Gesetzes vom 2. Juli 2013 (BGBl. I S. 1943) geändert worden ist. Quelle: http://www.gesetze-im-internet.de/bundesrecht/bimschg/gesamt.pdf (Datum des Zugriffs: 05.08.2013).

Bundesministerium für Umwelt, Naturschutz und Reaktorsicherheit (BMU) (2010): Protokoll von Kyoto zum Rahmenübereinkommen der Vereinten Nationen über Klimaänderungen. Quelle: www.bmu.de/files/pdfs/allgemein/application/pdf/protodt.pdf (Datum des Zugriffs: 02.06.2010).

Bundesministerium für Umwelt, Naturschutz und Reaktorsicherheit (BMU) (2013a): Entwicklung der erneuerbaren Energien in Deutschland im Jahr 2012 – Grafiken und Tabellen; unter Verwendung aktueller Daten der Arbeitsgruppe Erneuerbare Energien-Statistik (AGEE-Stat). Quelle: www.erneuerbare-energien.de/fileadmin/Daten_EE/Dokumente_PDFs_/hgp_d_ppt_2012_fin_bf.pdf (Datum des Zugriffs: 19.07.2013).

Bundesministerium für Umwelt, Naturschutz und Reaktorsicherheit (BMU) (2013b): Gesetz für den Vorrang Erneuerbarer Energien (Erneuerbare-Energien-Gesetz – EEG). Konsolidierte (unverbindliche) Fassung des Gesetzestextes mit den Änderungen durch das „Gesetz zur Änderung des Rechtsrahmens für Strom aus solarer Strahlungsenergie und weiteren Änderungen im Recht der erneuerbaren Energien" (sog. PV-Novelle). Quelle: http://www.erneuerbare-energien.de/

fileadmin/ee-import/files/pdfs/allgemein/application/pdf/eeg_konsol_fassung_120629_bf.pdf (Datum des Zugriffs: 01.08.2013).

Bundesministerium für Wirtschaft und Energie (BMWi) (2014): Eckpunkte für die Reform des EEG. Quelle: http://www.bmwi.de/BMWi/Redaktion/PDF/E/eeg-reform-eckpunkte, property=pdf,bereich=bmwi2012,sprache=de,rwb=true.pdf (Datum des Zugriffs: 28.01.2014).

Brüggemann, C. (2001): Getreideverbrennung contra Welthunger? In: Energie Pflanzen, Nr. 3, S. 15–17.

Bundesrepublik Deutschland (2008): Gesetz für den Vorrang Erneuerbarer Energien (Erneuerbare-Energien-Gesetz – EEG) vom 25. Oktober 2008 (das zuletzt durch das Gesetz vom 20. Dezember 2012 (BGBl. Teil I S. 2730) geändert worden ist). Gesetz zur Neuregelung des Rechts der Erneuerbaren Energien im Strombereich und zur Änderung damit zusammenhängender Vorschriften. Bundesgesetzblatt, Teil I, Nr. 49 vom 31.10. 2008, 2074–2100.

C.A.R.M.E.N. e. V. (Centrales Agrar-Rohstoff-Marketing- und Energie-Netzwerk e. V.) (2014): Bio-Ethanol – Tankstellen. Quelle: http://www.carmen-ev.de/mobilitaet/bioethanol/e85/376-tankstellen-in-bayern (Datum des Zugriffs: 03.02.2014).

Clearingstelle EEG (2013): Was ändert sich durch die sog. PV-Novelle des EEG 2012? Quelle: www.clearingstelle-eeg.de/beitrag/1934 (Datum des Zugriffs: 05.08.2013).

Clearingstelle EEG (2014): EEG 2012 - Stand und aktuelle Fassung. Anhang EEG 2012 (Stand: 17.8.2012 - gilt ab 01.04.2012). Quelle: https://www.clearingstelle-eeg.de/files/EEG2012_juris_120817.pdf (Zugegriffen: 12. Mai. 2014)

Convention on Biological Diversity (2000): Sustaining life on earth – How the Convention on Biological Diversity promotes nature and human well-being. Quelle: www.cbd.int/doc/publications/cbd-sustain-en.pdf (Datum des Zugriffs: 15.03.2010).

Deutscher Bauern Verband (DBV) (2012): DBV zu Leopoldina-Studie: Bioenergie umfassend betrachten. Pressemeldung des Deutschen Bauern Verbands. Quelle: http://www.bauernverband.de/dbv-leopoldina-studie-bioenergie-umfassend-betrachten (Datum des Zugriffs: 21.01.2014).

Deutsches Biomasseforschungszentrum (DBFZ) (2012): Leopoldina-Studie zeigt Grenzen des Wachstums auf, liefert für die Bioenergie jedoch lückenhafte und teilweise überholte Handlungsmöglichkeiten. Stellungnahme des Deutschen Biomasseforschungszentrums zur Leopoldina-Studie „Bioenergie: Möglichkeiten und Grenzen". Quelle: https://www.dbfz.de/web/fileadmin/user_upload/Presseinfor-mationen/2012/Statement_DBFZ_Leopoldina_Studie_Final.pdf (Datum des Zugriffs: 21.01.2014).

Döhler, H.; Lorbacher, R. (2004): Stellung von Biogas im Vergleich der erneuerbaren Energiequellen. In: Bayerische Landesanstalt für Landwirtschaft (LFL) (Hrsg.): Biogas in Bayern; Tagungsband zur Jahrestagung am 09. Dezember 2004 in Rosenheim. LfL Schriftenreihe, Nr. 13. Freising: LfL.

Dürnberger, C. (2008): Der Mythos der Ursprünglichkeit – Landwirtschaftliche Idylle und ihre Rolle in der öffentlichen Wahrnehmung. In: Forum TTN 19, 45–52.

Dürnberger, C.; Formowitz, B.; Grimm, H.; Uhl, A. (2009): Technological innovation and social responsibility: Challenges to Bavarian Agriculture and the provision of bioenergy. In: Millar, K.; Hobson-West, P.; Nerlich, B. (Hrsg.): Ethical futures: Bioscience and food horizons. Wageningen: Wageningen Academic Publishers, 99–105.

Düwell, M.; Hübenthal, C.; Werner, M. H. (2006): Handbuch Ethik. 2., aktualisierte und erweiterte Auflage. Stuttgart u. a.: Metzler.

Eidgenössische Ethikkommission für die Biotechnologie im Ausserhumanbereich (EKAH) (2008): Die Würde der Kreatur bei Pflanzen. Bern: Bundesamt für Umwelt BAFU.

Europäische Union (EU) (2009): Richtlinie 2009/28/EG des Europäischen Parlaments und des Rates vom 23. April 2009 zur Förderung der Nutzung von Energie aus erneuerbaren Quellen und zur Änderung und anschließenden Aufhebung der Richtlinie 2001/77/EG und 2003/30/EG. Quelle: https://www.clearingstelle-eeg.de/files/private/active/0/RL_2009-28-EG_090423_ABl_EU_L_140-16.pdf (Datum des Zugriffs: 12.05.2014).

Fachverband Biogas e. V. (2013): Energie für Bayern – Biogas kann's. Quelle: www.biogas-in-bayern. de/links/Biogas-in-Bayern/Biogas-in-Bayern--Start/426/ (Datum des Zugriffs: 01.08.2013).

Fachverband Biogas e. V. (2014): Vorschläge des Fachverbandes Biogas zur Umsetzung des Koalitionsvertrages 2013 und der Eckpunkte zur EEG-Reform. Quelle http://www.biogas.org/edcom/ webfvb.nsf/id/DE_Homepage/$file/14-01-31_FvB-Kurzpapier_EEG-Reform_end.pdf (Datum des Zugriffs: 05.02.2014).

Food and Agriculture Organization of the United Nations (FAO) (2013): The State of Food Insecurity in the World – The multiple dimension of food security. Rom. Quelle: http://www.fao.org/ docrep/018/i3434e/i3434e.pdf (Datum des Zugriffs: 05.02.2014).

Finkenberger, M. (2013): Indirekte Landnutzungsänderungen in Ökobilanzen – wissenschaftliche Belastbarkeit und Übereinstimmung mit internationalen Standards. Quelle: http://www.ufop.de/ presse/aktuelle-pressemitteilungen/finkbeiner-studie-wiederlegt-ifpri-und-iluc-faktoren/ (Datum des Zugriffs: 08.08.2013).

Flaig, H.; Mohr, H. (1993): Die energetische Nutzung von Biomasse aus der Land- und Forstwirtschaft – eine Chance für die Landwirtschaft? Berlin; Heidelberg: Springer.

Fachagentur Nachwachsende Rohstoffe e. V. (FNR) (2013): Daten und Fakten – Anbau: Tabelle der Anbaufläche für nachwachsende Rohstoffe 2013. Quelle: http://mediathek.fnr.de/media/downloadable/files/samples/t/a/tabelle-anbau-nr-12-13_2.pdf (Datum des Zugriffs: 24.10.2013).

Formowitz, B.; Riepl, C.; Uhl, A.; Dürnberger, C.; Zichy, M. (2011): Kulturelle Werte in der Diskussion um Bioenergie – Ein Weg zum Dialog. TFZ-Kompakt 2. Quelle: http://www.tfz.bayern.de/ mam/cms08/service/dateien/tfz_kompakt_2_kulturel-le_werte.pdf.

Funk, C. (2009): Versorgung des europäischen Marktes durch synthetische Kraftstoffe aus Biomasse. VDI Nachrichten. Reihe Fortschritt-Berichte. Sachgebiet Technik und Wirtschaft 195. Berlin: VDI-Verlag.

Gorke, M. (1999): Artensterben. Von der ökologischen Theorie zum Eigenwert der Natur. Stuttgart: Klett-Cotta.

Gorke, M. (2000): Was spricht für eine holistische Umweltethik? Quelle: http://www.umweltethik.at/ download.php?id=275 (Datum des Zugriffs: 22.10.2013).

Haas, R.; Remmele, E. (2013): Dezentrale Ölsaatenverarbeitung 2012/2013 – eine bundesweite Befragung. Berichte aus dem TFZ 34, ISSN: 1614-1008. Quelle: www.tfz.bayern.de/biokraftstoffe/ publikationen/index.php.

Heinrich, D.; Hergt, M. (Hrsg.) (2002): DTV-Atlas Ökologie. 5., durchgesehene Auflage. München: Dt. Taschenbuch Verlag.

Höges, C. (2009): Der grüne Tsunami. In: Der Spiegel 4/2009 vom 19.1.2009. Quelle: http://www. spiegel.de/spiegel/print/d-63637463.html (Datums des Zugriffs: 22.10.2013).

Huppenbauer, M.; De Bernardi, J. (2003): Kompetenz Ethik für Wirtschaft, Wissenschaft und Politik. Ein Tool für Argumentationen und Entscheidungsfindung. Zürich: Versus Verlag.

International Asessment of Agricultural Knowledge, Science and Technology for Development (IAAST) (2009): Weltagrarbericht. Synthesebericht. Hrsg. v. Albrecht, S.; Engel, A. Hamburg: Hamburg University Press. Quelle: http://hup.sub.uni-ham-burg.de/volltexte/2009/94/chapter/ HamburgUP_IAASTD_Synthesebericht_Teil_I_Lage_Herausforderungen_Handlungsoptionen. pdf (Datum des Zugriffs: 22.10.2013).

Intergovernmental Panel on Climate Change (IPCC) (2013): Climate Change 2012 – The Physical Science Basis, Summary for Policymakers. Working Group I contribution to the fifth assessment report of the International Panel on Climate Change. 27 Seiten. Quelle: http://www.ipcc.ch/report/ar5/wg1/docs/WGIAR5_SPM_brochure_en.pdf (Datum des Zugriffs: 22.01.2014).

Jonas, H. (1984): Das Prinzip Verantwortung. Versuch einer Ethik für die technologische Zivilisation. Frankfurt a. M.: Insel.

Kaltschmitt, M.; Hartmann, H.; Hofbauer, H. (2009): Energie aus Biomasse – Grundlagen, Techniken und Verfahren. 2. Auflage, Berlin; Heidelberg: Springer.

Kant, I. (1984): Grundlegung zur Metaphysik der Sitten. Stuttgart: Reclam.

Karafyllis, N. (2012): Nachwachsende Rohstoffe als Modellfall der Agrarethik. In: Meier, U. (Hrsg.): Argrarethik. Landwirtschaft mit Zukunft, Clenze: Agrimedia, 43–66.

Kirchner, R. (2012): Presseschau über das Echo der Bioenergie-Studie der Leopoldina in der Presse. BiomassMuse – Voice and heartbreak of the bioenergy. Quelle: http://www.biomasse-nutzung. de/bioenergie-studie-leopoldina-kritik-presse/ (Datum des Zugriffs: 21.01.2014).

Krebs, A. (1997): Naturethik im Überblick. In: Krebs, A. (Hrsg.) Naturethik. Grundtexte der gegenwärtigen tier- und ökoethischen Diskussion. Frankfurt a. M.: Suhrkamp, 337–397.

Kröber, A. (2005): Energetische Getreidenutzung in Deutschland. Diskursive Technikbewertung unter Berücksichtigung ethischer Aspekte. Diplomarbeit. Studiengang Landschaftsökologie und Naturschutz. Quelle: http://umwethik.botanik.uni-greifswald.de/diplom-arbeiten/dipl_kroeber. pdf (Datum des Zugriffs: 29. Juni 2010).

KTBL (Kuratorium für Technik und Bauwesen in der Landwirtschaft e. V.) (2009): Bewertung der Nachhaltigkeit landwirtschaftlicher Betriebe. Eine vergleichende Beurteilung von Betriebsbewertungssystemen. KTBL-Schrift 473. Darmstadt: KTBL.

Kummer, C. (2013): Pflanzenwürde. Zu einem Scheinargument in der Gentechnik-Debatte. In: Stimmen der Zeit. Heft 1, Januar 213. 21–30.

Levidow, L.; Paul, H. (2008): Land-use, Bioenergy and Agro-biotechnology. Berlin: WBGU. Quelle: http://www.wbgu.de/fileadmin/templates/dateien/veroeffentlichungen/hauptgutachten/jg2008/ wbgu_jg2008_ex05.pdfwww.wbgu.de/wbgu_jg2008_ex05.pdf (Datum des Zugriffs: 22.10.2013).

Lexikon der Bioethik (1998). In 3 Bänden. Hrsg. v. Korff, W.; Beck, L.; Mikat, P. Gütersloh: Gütersloher Verlagshaus.

Lübbe, H. (1994): Moralismus oder fingierte Handlungssubjektivität in komplexen historischen Prozessen. In: Lübbe, H. (Hrsg.): Kausalität und Zurechnung. Über Verantwortung in komplexen kulturellen Prozessen, Berlin; New York: Walter de Gruyter, 289–301.

Luther, M. (1986): Die Bekenntnisschriften der evangelisch-lutherischen Kirche. 10. Auflage. Göttingen: Vandenhoeck & Ruprecht.

Marutzky, R.; Seeger, K. (1999): Energie aus Holz und anderer Biomasse – Grundlagen, Technik, Entsorgung, Recht. Leinfelden-Echterdingen: DRW-Verlag.

Matthias, J.; Jäger, P.; Klages, S.;Niebaum, A. (2005): Rechtliche und administrative Rahmenbedingungen In: Fachagentur Nachwachsende Rohstoffe e. V. (Hrsg.): Handreichung Biogasgewinnung und -nutzung. Gülzow: Fachagentur Nachwachsende Rohstoffe e. V., 137–152.

Meadows, D.; Meadows, D.; Randers J.; Behrens W., (1972): The Limits to Growth. New York: Universe Books.

Mepham, B., Kaiser. M., Thorstensen, E., Tomkins, S., Millar, K. (2006): Ethical Matrix. The Hague: Lei.

Meyer-Abich, K. (1984): Wege zum Frieden mit der Natur. Praktische Naturphilosophie für die Umweltpolitik. München: Hanser.

Mitchell, D. (2008): A Note on Rising Food Prices. Report of the The World Bank, Development Prospects Group. Quelle: http://www.fbae.org/2009/FBAE/website/images/PDF%20files/biofuels/The%20World%20Bank%20Biofuel%20Report.pdf (Datum des Zugriffs: 22.10.2013).

Naturschutzbund Deutschland e. V. (2008): Die Bedeutung der obligatorischen Flächenstilllegung für die biologische Vielfalt. Fakten und Vorschläge zur Schaffung von ökologischen Vorrangflächen im Rahmen der EU-Agrarpolitik. Quelle: http://www.bfn.de/fileadmin/MDB/documents/ themen/landwirtschaft/flaechenstilllegung_langfassung.pdf (Datum des Zugriffs: 08.08.2013).

Nationale Akademie der Wissenschaften Leopoldina (2013): Bioenergie: Möglichkeiten und Grenzen. Ergänzte Version der im Jahr 2012 erschienenen Stellungnahme „Bioenergy – Chances and limits". Quelle: http://www.leopoldina.org/uploads/tx_leopublication/2013_06_Stellungnahme_ Bioenergie_DE.pdf (Datum des Zugriffs: 26.09.2013).

Naumann, K; Majer, S. (2013): Erläuterung und Kommentierung des Vorschlags der Europäischen Kommission zur Anpassung der EU-Biokraftstoffpolitik vom 17. Oktober 2012. Vorschlag für eine Richtlinie zur Änderung der Richtlinien 98/70/EG (FQD) und 2009/28/EG (RED) – COM (2012) 595 final. Leipzig: DBFZ (Deutsches Biomasseforschungszentrum gemeinnützige GmbH). Quelle: www.ufop.de/files/6813/6301/7854/Kurzstudie_DBFZ_deu.pdf (Datum des Zugriffs: 05.08.2013).

Nierenberg, D. (2005): Happier Meals: Rethinking the Global Meat Industry. Worldwatch Paper 171. [Ohne Ortsangabe:] Worldwatch Institute.

Ott, K. (2002): Zur ethischen Bewertung von Biodiversität. In: Hummel, M.; Scheffran, J.; Simon, H. (Hrsg.): Konfliktfeld Biodiversität. Darmstädter interdisziplinäre Beiträge 7. Münster: Agenda-Verlag, 11–41.

Ott, K.; Döring, R. (2004): Theorie und Praxis starker Nachhaltigkeit. Marburg: Metropolis.

Pauer-Studer, H. (2003): Einführung in die Ethik. Wien: Facultas.

Paul, J. A.; Wahlberg, K. (2008): A New Era of World Hunger? – The Global Food Crisis Analyzed. Briefing Papers FES. New York: Friedrich Ebert Stiftung. Quelle: http://library.fes.de/pdf-files/bueros/usa/05579-20080905.pdf (Daum des Zugriffs: 22.10.2013).

Pfordten, D. V. D. (1996): Ökologische Ethik. Zur Rechtfertigung menschlichen Verhaltens gegenüber der Natur. Reinbek bei Hamburg: Rowohlt.

Quante, M. (2003): Einführung in die Allgemeine Ethik. Darmstadt: Wissenschaftliche Buchgesellschaft.

Remmele, E. (2009): Handbuch. Herstellung von Rapsölkraftstoff in dezentralen Ölgewinnungsanlagen. Hrsg. v. d. Fachagentur Nachwachsende Rohstoffe. 2. Aufl. Gülzow: Fachagentur Nachwachsende Rohstoffe e. V.

Rescher, N. (1997): Wozu gefährdete Arten retten? In: Birnbacher, D. (Hrsg.): Ökophilosophie. Stuttgart: Reclam, 178–201.

Riegler, J.; Popp, H.; Kroll-Schlüter, H. (1999): Die Bauern nicht dem Weltmarkt opfern. Lebensqualität durch ein europäisches Agrarmodell. Stuttgart: Stocker.

Rottenaicher, S. (1993): Energiepflanzen und regenerative Energieträger aus theologischer Sicht. Freising (unveröffentlichtes Manuskript).

Sawicka, M. (2008): Naturvorstellungen und Grüne Gentechnik. In: Busch, R.; Prütz, G. (Hrsg.): Biotechnologie in gesellschaftlicher Deutung. München: Utz, 169–183.

Schäfer, L. (1999): Das Bacon-Projekt. Von der Erkenntnis, Nutzung und Schonung der Natur. Frankfurt a. M.: Suhrkamp.

Schleissing, S. (2013): Energie aus Biomasse. Eine ethische Analyse. In: Franke, S. (Hrsg.): Energie aus Biomasse. Ethik und Praxis. Argumente und Materialen zum Zeitgeschehen der Hanns-Seidel-Stiftung e. V. 85. München: Hanns-Seidel-Stiftung, 21–28.

Schmitz, H.; Henke, J. (2009): Wir starten durch. Zertifizierung von Biomasse und Bioenergie – International Sustainability and Carbon Certification. Berlin: Genius GmbH Wissenschaft & Kommunikation. Quelle: www.isccproject.org/e711/element712/090218_ISCCBro_de_ger.pdf (Datum des Zugriffs: 07.04.2009).

Schöpe, M. (2005): Die veränderte Rolle der Landwirtschaft zu Beginn des 21. Jahrhunderts. In: ifo Schnelldienst 58/9, 21–26.

Schweitzer, A. (1974): Gesammelte Werke in 5 Bänden. Hrsg. v. Grabs, R. Bd. 2, München: Beck.

Singer, P. (1982): Befreiung der Tiere. Eine neue Ethik zur Behandlung der Tiere. München: Hirthammer.

Spaemann, R. (1979): Technische Eingriffe in die Natur als Problem der politischen Ethik. In: Scheidewege 9, 476–497.

Special Eurobarometer (2008): Europeans, Agriculture and the Common Agricultural Policy. Quelle: ec.europa.eu/public_opinion/archives/ebs/ebs_336_en.pdf (Datum des Zugriffs: 22.10.2013).

Spittler, R. (2001): Anforderungen eines landschaftsorientierten Tourismus an die Landwirtschaft in Westfalen. In: Ditt, K.; Gudermann, R.; Rüße, N. (Hrsg.): Agrarmodernisierung und ökologische

Folgen. Westfalen vom 18. bis zum 20. Jahrhundert, Westfälisches Institut für Regionalgeschichte, Münster, Forschungen zur Regionalgeschichte, Bd. 40. Paderborn: Schöning, 627–655.

Statistisches Bundesamt (Destatis) (2013): Landwirtschaftliche Bodennutzung und pflanzliche Erzeugung – Fachserie 3 Reihe 3--2011. Quelle: https://www.destatis.de/DE/Publikationen/Thematisch/LandForstwirtschaft/Bodennutzung/BodennutzungErzeugung.html (Datum des Zugriffs: 30.07.2013).

Stoeker, R.; Neuhäuser, C.; Raters, M.-L. (Hrsg.) (2011): Handbuch Angewandte Ethik. Stuttgart: Metzler.

Taylor, P. W. (1983): In defence of environmental ethics. In: Environmental Ethics 5, 237–243.

Technologie- und Förderzentrum (TFZ) (2012): Kompetenzzentrum für Nachwachsende Rohstoffe stellt fest: Viele Forderungen der Studie längst in der Praxis umgesetzt. Pressemitteilung zur Leopoldina-Studie „Bioenergie: Möglichkeiten und Grenzen". Quelle: http://www.tfz.bayern.de/mam/cms08/service/dateien/120727_pm_leopoldina_tfz.pdf (Datum des Zugriffs: 07.01.2014).

Un-Wirtschafts- und Sozialrat (1999): Sachfragen im Zusammenhang mit der Durchführung des internationalen Paktes über wirtschaftliche, soziale und kulturelle Rechte. Quelle: http://www.un.org/Depts/german/wiso/ec12-1999-5.pdf (Datum des Zugriffs: 22.10.2013).

Verband der Deutschen Biokraftstoffindustrie (VDB) (2012): Leopoldina-Studie verkennt die Vorteile von Biokraftstoffen im Verkehrsbereich und bestehende Nachhaltigkeitsregeln. Quelle: http://www.biokraftstoffverband.de/index.php/detail/items/leopoldina-studie-verkennt-vorteile-von-biokraftstoffen-im-verkehrsbereich-und-bestehende-nachhaltigkeitsregeln.html.

Vieth, A. (2006): Einführung in die Angewandte Ethik. Darmstadt: Wissenschaftliche Buchgesellschaft.

Vogt, M. (2002): Ethische Aspekte nachwachsender Rohstoffe. In: Ministerium für Ernährung und Ländlichen Raum (Hrsg.): Nachwachsende Rohstoffe für Baden-Württemberg. Tagungsband eines Symposiums vom 21. 10. 2002. Karlsruhe, 1–12. Quelle: http://www.kath.de/benediktbeuern/clear/projekte/Nachw-Rohstoffe.pdf (Datum des Zugriffs: 29. Juni 2010).

Vogt, M. (2009): Nachhaltigkeit theologisch-ethisch. In: Münchner Kompetenzzentrum Ethik LMU (Hrsg.): Prinzip Nachhaltigkeit: Ethische Fragen im interdisziplinären Diskurs. München: Münchner Kompetenz Zentrum Ethik, 25–46.

Wissenschaftlicher Beirat der Bundesregierung Globale Umweltveränderungen (1999): Welt im Wandel: Umwelt und Ethik. Sondergutachten 1999. Marburg: Metropolis. Quelle: http://www.wbgu.de/fileadmin/templates/dateien/veroeffentlichungen/sondergutachten/sn1999/wbgu_sn1999.pdf (Datum des Zugriffs: 22.10.2013).

Welthungerhilfe (2012): Positionspapier „Ländliche Entwicklung". Quelle: http://www.welthungerhilfe.de/fileadmin/user_upload/Mediathek/Positionspapier/Welthungerhilfe_Laendliche_Entwicklung_2012.pdf (Datum des Zugriffs: 22.09.2013).

Widmann, B.; Remmele, E. (2008): Biokraftstoffe – Fragen und Antworten. Straubing: Technologie- und Förderzentrum im Kompetenzzentrum für Nachwachsende Rohstoffe in Straubing.

Wolf, U. (1990): Das Tier in der Moral. Frankfurt a. M.: Klostermann.

Zimmerli, W. C. (1993): Wandelt sich die Verantwortung mit dem technischen Wandel? In: Lenk, H.; Ropohl, G. (Hrsg.): Technik und Ethik. Stuttgart: Reclam, 92–111.

Zwick, M. (1998): Wertorientierungen und Technikeinstellungen im Prozess gesellschaftlicher Modernisierung. Das Beispiel der Gentechnik. Quelle: http://elib.uni-stuttgart.de/opus/volltexte/2004/1663/pdf/ab106.pdf (Datum des Zugriffs: 22.10.2013).

Zwick, M. (2001): Gentechnik im Verständnis der Öffentlichkeit – Intimus oder Mysterium? In: Hampel, J.; Renn, O. (Hrsg.): Gentechnik in der Öffentlichkeit. Wahrnehmung und Bewertung einer umstrittenen Technologie. Frankfurt a. M.: Cpus, 98–132.